築苑 014

章贡聚居

蔡晴　姚赯　黄继东　著

中国建材工业出版社

图书在版编目(CIP)数据

章贡聚居/蔡晴，姚赯，黄继东著. —北京：中国建材工业出版社，2020.5

（筑苑）

ISBN 978-7-5160-2719-6

Ⅰ.①章… Ⅱ.①蔡… ②姚… ③黄… Ⅲ.①客家人—民居—建筑艺术—研究—江西 Ⅳ.①TU241.5

中国版本图书馆 CIP 数据核字(2019)第 258394 号

章贡聚居

Zhanggong Juju

蔡 晴　姚 赯　黄继东　著

出版发行：中国建材工业出版社

地　　　址：北京市海淀区三里河路 1 号

邮政编码：100044

经　　销：全国各地新华书店

印　　刷：北京中科印刷有限公司

开　　本：710mm×1000mm　1/16

印　　张：21.25

字　　数：290 千字

版　　次：2020 年 5 月第 1 版

印　　次：2020 年 5 月第 1 次

定　　价：78.00 元

天人築以
闻作苑心

築苑叢書雅存 丁酉端午

孟兆禎

孟兆祯先生题字
中国工程院院士、北京林业大学教授

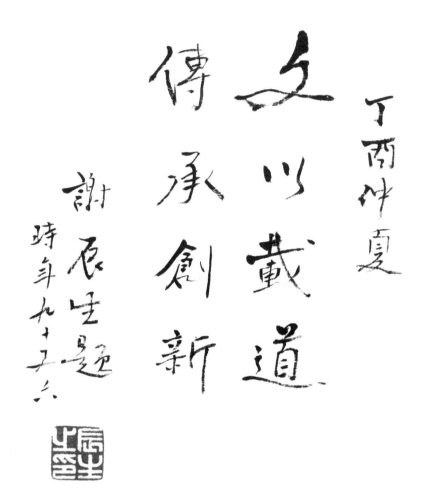

文以載道

傳承創新

丁酉仲夏

謝辰生題

時年九十又六

谢辰生先生题字
国家文物局顾问

筑苑·章贡聚居

主办单位

中国建材工业出版社

中国民族建筑研究会民居建筑专业委员会

扬州意匠轩园林古建筑营造股份有限公司

顾问总编

孟兆祯　陆元鼎　刘叙杰

特邀顾问

孙大章　路秉杰　单德启　姚　兵　刘秀晨　张　柏

编委会主任

陆　琦

编委会副主任

梁宝富　佟令玫

编委（按姓氏笔画排序）

马扎·索南周扎　王乃海　王向荣　王　军　王劲韬　王罗进　王　路
龙　彬　卢永忠　朱宇晖　刘庭风　关瑞明　苏　锰　李　卫　李寿仁
李国新　李　淛　李晓峰　吴世雄　宋桂杰　张玉坤　陆　琦　陆文祥
陈　薇　杨大禹　范霄鹏　罗德胤　周立军　荀　建　姚　慧　秦建明
徐怡芳　唐孝祥　崔文军　商自福　梁宝富　端木岐　戴志坚

本卷著者

蔡　晴　姚　赯　黄继东

策划编辑

章　曲　李春荣　吕亚飞

本卷责任编辑

李春荣

版式设计

汇彩设计

投稿邮箱：nevisland@163.com

联系电话：010-88376510

传　　真：010-68343948

筑苑微信公众号

中国建材工业出版社
《筑苑》理事单位

写作本书的目的，是对江西客家建筑进行一次较为全面的梳理。

客家建筑的研究肇始于 20 世纪 50 年代，刘敦桢先生在《中国住宅概说》一书中首次述及了福建永定一带的客家民居。此后陆元鼎先生、黄汉民先生等多位学者从不同角度对客家建筑的整体风貌及主要类型，如围垅屋、福建土楼、五凤楼等，进行了深入研究，取得了丰硕的成果。2008 年 7 月，46 处福建土楼被列入世界文化遗产名录。

江西紧邻闽粤，亦是客家移民的重要居住地，保留了丰富的客家建筑遗存。20 世纪 80 年代初，黄浩先生等学者开始研究江西民居，报道了赣西山区的一些客家民居实例。20 世纪 90 年代以后，万幼楠先生等学者对赣南历史建筑进行了持续的研究，取得了丰硕成果，赣南围屋成为赣南客家建筑的代表。但总体而言，江西客家建筑的调查和研究相对滞后。

出现滞后的重要原因之一是受到现代行政区划的限制。一直以来，主流观点均认为赣南是客家人在江西的主要居住地，即现代赣州市所辖 15 个县市的范围。实际上江西客家移民分布大大超出赣南，吉安市所辖遂川县、万安县；抚州市所辖广昌县；宜春市所辖铜鼓县；九江市所辖修水县等地，历史上都是重要的客家移民聚居地，但因为行政区划的原因，人们常将这些地方的民居划入江西主流的天井式民居。

出现滞后的另一个重要原因则是受到经济发展水平的影响。江西的客家建筑多分布于边远山区，其聚居地常有"七山半水分半田，一分道路和庄园"之说，建筑风貌十分简朴，木结构做法简单，装饰也不及江西主流煊赫华丽，一直没有受到足够重视，尤其是赣西北地区的客家建筑，至今罕有人调查研究。

客家人在江西的分布南至省域东南角的寻乌县，北至省域西北角的修水县，跨越了 2 个经度和 5 个纬度。尽管地域分布如此分散，他们却一直保留着古老的乡音和习俗，又努力适应迁入地的自然和社会文化环境。他们崇宗敬祖，强调以血缘为纽带是聚族而居的根本，基于居祀合一又分立的聚居观念，创造出类型多样的民居样式。建筑布局以迎山接水的方式与环境对话，通过灵活巧妙地设置建筑方位以及大门、晒坪、池塘等设施，与其周边的龙脉、案山、左右砂山、河流等取得某种呼应关系，构成极有价值的文化景观。自然环境与家族组织的和谐共生是江西客家建筑的核心价值。

本书作者几年来一直试图突破行政区划的界限，以移民迁徙路线、客家方言分布图谱为线索，在江西省域范围全面展开对客家建筑的调研。特别感谢中国建材工业出版社给了我们这样一个机会，去追寻江西境内客家先民们迁徙的足迹，了解他们的习俗，记录他们的建筑。值此完稿之际，我们诚挚感谢本书编辑孙炎、李春荣在写作过程中的督促和鼓励、完稿之后的编辑和校对，诚挚感谢中国民居大师戴志坚教授、陆琦教授对写作提纲的指导。

在整个调查过程中，我们多次得到素不相识的客家乡亲的热情接待，给我们带路，介绍当地文化历史，甚至留我们在家吃饭、给设备充电。今天部分山乡仍可见到仍身着传统服饰、头带冬头帕的客家妇女，吃到正宗的黄元米果、擂茶等客家美食。至于日常饮食，有的地方酸辣爽口，有的地方素净鲜甜，与江西主流饮食文化有明显差异。总之，希望这本书能吸引您到客家人聚居的赣南及赣西山区来做客。

蔡　晴

2020.1.6

目 录

1 江西客家民居的自然 与文化背景

江西地处长江南岸，进入中原文明体系较晚。据《史记》记载，楚国在江西境内设有一座城邑，名番，即今鄱阳湖东岸的鄱阳县。秦代在江西境内设有 7 个县，但空间距离分散，尚不能对这一区域进行实际控制。直至西汉初年在江西建立豫章郡，下设 18 县，才形成了较完整的控制体系。18 县中有 8 县在鄱阳湖的周边，另有 6 县在赣江干流和上游章水、贡水两条主要支流沿岸。在上游，章水较贡水得到了较多的重视，因其可通岭南。之后，赣北的鄱阳湖平原、赣中的沿赣江的河谷阶地与丘陵地区逐渐发展成为经济、文化高度发达的地区，并在宋、明之际达到顶峰。

与此同时，在江西西部、南部的山区，受自然地理条件的限制，社会发展和经济开发都相对滞后，直至元末明初仍是地广人稀。其人口主要由历次移民构成，即所谓"客家人"。客家人又称"山客"，俗语说"逢山必有客，无客不住山"。赣南、赣西山区是江西客家人主要的分布区域。本书的研究对象，江西客家民居的类型、特征及演变与客家民系在江西的迁徙、分布及所处的自然文化、社会历史环境无不密切相关，甚至可以说是与江西山区的经济开发和行政管理一起形成和发展。

1.1 地形

　　江西客家地区基本上都是山地或丘陵，地形变化剧烈。赣南是武夷山、罗霄山和南岭三大山脉交会之处，又有向江西中部伸展的雩山山脉；赣西北有几乎平行的幕阜山、九岭山两大山脉，还有罗霄山脉北支武功山；赣西南则为罗霄山区。

　　九岭山及其以北地区，多为花岗岩与变质岩构成的中低山，地势峻拔，海拔高度一般多在 1000 米左右，不少山峰岭脊海拔达 1500 米以上；九岭山以南至武功山一带则红色岩系广布，其间也杂有石灰岩、花岗岩和变质岩，地貌形态多为波状起伏的丘陵和盆地。

　　罗霄山区北部的地貌以中、低山为主，高丘陵与低丘陵面积较小，且零星散布。赣西移民较集中的修水县和宁冈县（现属井冈山市）均将本县土地概括为"八山半水一分田，半分道路和庄园"，到明清时期，有限的河谷平原和低丘陵地中人口已经相当稠密，土地开发程度较高，明中后期开始迁入的棚民都是直接进入山沟拓荒建村。

　　赣南地貌的主体包括中、低山和丘陵，其他类型如岗地、阶地、平原等仅零星散布。中、低山两侧常有与之走向一致的断陷盆地分布。罗霄山脉南部主要为花岗岩构成的山地，有数座海拔超过 2000 米的山峰，为湘赣两省天然屏障及赣江与湘江的分水岭。雩山山脉和全南、上犹、崇义等县境内的山地则均属变质岩组成的中低山和高丘陵。南岭一带山体东西向横亘，属花岗岩构成的中低山地貌，为赣、粤两省的天然屏障，赣江和东江的分水岭。这一区域是赣南客家聚居地的典型地理环境，其中大部分地区可称作"八分山地一分田，一分水路和庄园"，明清时期农业生产"田之利十之七，山之利十之三"。

　　虽然这些山区中都有发达的水系，但分散在大量小尺度河谷盆地之中，没有开阔的平地用于生产和建设，交通亦不能完全依靠水路，必须翻山越岭，即使在今天仍不够便利。

　　赣西北早在春秋战国时代即已是吴国与楚国你争我夺的区域，吴国在修河下游靠近鄱阳湖西岸一带设有艾邑，为其西进据点。发源于铜鼓九岭山中的修河,其支流渣津水上游离湖北的陆水河上游最近距离不到 6 公里,在武宁与同样发源于铜鼓九岭山中的武宁水汇合,至永修吴村镇入鄱阳湖。发源于上栗九岭山末端的锦江,其上游与发源于万载的渌水支流南川河最近距离不到 9 公里,流经万载、上高、高安,汇入赣江。发源于罗霄山脉北支芦溪武功山中的袁河,其上游与渌水上游之间的最近距离仅约 15 公里,流经宜春、分宜、新余,在樟树市区汇入赣江。这三条河流构成的水系,是沟通江西与湖南、湖北的主要通道。

由于赣南地扼南岭,是赣江与珠江的分水岭,秦代即设有南壁县,以扼守赣江—珠江交通线的关键节点。赣南山区是赣江的发源地,也是珠江水系东江的源头之一。千余条小河汇成上犹江、章水、绵江、湘江、濂江、梅江、琴江、平江、桃江 9 条流域面积超过 2000 平方公里的河流,其中上犹江在南康汇入章水,其余 7 条河流汇成赣江干流贡水,章、贡二水在赣州汇成赣江,是江西最大的河流。另有上百条小河分别从寻乌、安远、定南流入珠江流域东江、北江水系,还有跨赣、闽、粤三省的韩江流域梅江水系。

赣南除了西南部有穿越南岭的重要交通线之外,东面有石城—清流、瑞金—汀州等穿越武夷山的通道进入福建,东南与广东宋元梅州、清代嘉应州相连。现属广东省梅州市的平远县,明嘉靖四十一年(1562 年)建县时属赣州府管辖,嘉靖四十三年(1564 年)才改隶广东潮州府,清雍正十一年(1733 年)改隶嘉应州。赣南西部与湖南交界地区山势陡峭,交通极其不便,但崇义等地与湖南桂东、汝城等地仍保持一定的经济往来。该地作为中国南方的军事要点之一,是兵家必争之地,每逢战乱,必遭兵火,导致经济文化发展相对缓慢。

1.2 移民

客家先民从秦汉起即开始由中原迁往南方,此后又再度播迁扩散。至宋元期间,由于长期战乱,为躲避兵火和异族压迫,在闽、粤、赣三省边区，形成一个足够大的具有特殊文化特征的社会区域，成长起来一个特别的汉族新兴民系——客家。此后，又经过清代前期康熙中叶到乾嘉之际和清代后期咸丰、同治年间的两次大迁徙。在不断的迁徙过程中，客家人一面竭力保持和发扬中原旧有文化；一面努力适应南方新环境、创造新经验、培育自己的新文化，从而形成了一个不同于汉族，又别于当地民族的具有独特文化特征的新的人文共同体。

在客家人的迁徙过程中，赣南具有特别重要的位置。此地位于江西南部、赣江上游，通过赣江、长江、大运河与中原腹地相连，又控扼赣粤闽湘之要冲，是中原与闽粤海滨的联系枢纽。在客家先民南迁的过程中，赣南较早接纳了中原汉族移民，成为客家人最早的主要聚居地之一，也是客家民系的重要发祥地之一。

目前的赣南客家人，主要开始于南宋前后，现赣南北的宁都、石城、兴国及于都、瑞金诸县北部之居民大都源于这一时期。至元明之际，赣中南部的客家人继续向南扩张，南康、赣县、于都北部、上犹东部、信丰、安远北部的居民，大体属于这一时期。此后，在清代至民国年间，还发生过数次江、浙、闽、粤居民的内迁。这多次的迁徙，大多是迁出地发生战乱、灾难，"人满为患"，而赣南凭它的地理、人文诸方面的条件，恰好为这些熙熙攘攘寻家觅舍的"徙人"提供了一个休养生息的空间。

今天一般认为的"赣南"，指今赣州市及其所属3区14个县1市。而移民分布的范围并不局限于这一行政边界，还包括与其相交界的遂川县、万安县、永丰县、吉安市青原区、广昌县的部分地区。如遂川县因"地僻而险、山高林密"，唐代以后，每逢朝代更替和战乱以后，都有一次较明显的人口迁徙。县内的一些大姓，多系唐代以后由外地迁入，或于明末清初由广东、福建迁来县内定居。又如永丰县，从人口迁徙角度来看，从省外迁入建村的以福建人居多，共有313个；由省内其他地区迁入建村的以赣州地区最多，达479个。可见赣南地区人口的主体是客家移民，其中又以明清时期福建、广东移民为主。

赣东北与福建、浙江接壤的上饶地区，历史上与浙江、福建长期存在持续人口交换，但明末清初从闽南一带迁入的移民，迁入时间相对集中，迁入数量较大，因而较多地保留了其文化特征，并仍存有客家风貌的建筑遗产。

赣西沿湘赣边境的山区，有的地方历来人口稀少，如宁州（即今修水县、铜鼓县境）；有的地方虽开发较早，但明代后期经济凋敝，如万载、袁州等地。这一带在明清两代也经历了大规模的移民运动。元末明初，朱元璋发动"江西填湖广"，组织人多地少的江西人迁往湖南、湖北，从湖南醴陵至江西萍乡的湘赣驿道成为最重要的移民通道之一。从明朝永乐年间到明朝后期，江西等省移民仍在源源不断地迁往两湖，虽然不似洪武年间猛烈，但因时间长，总量也十分可观。这些移民主要是为了在经济上寻求发展，以为两湖荒地可随意圈占开垦，税赋又轻，因此决定西迁。在此期间，还有大批闽南移民进入赣西北山区。

自明嘉靖（1522—1566 年）初年之后，部分闽、粤流民辗转迁徙至赣西、湘东边缘山区，结棚而居，凿山种麻，春来冬归，史称"棚民"。初时人数不多，后增至数十万，规模浩大不亚于同期赣南山区的流民活动。赣西北的宁州（今修水、铜鼓两县），因地处赣鄂湘交界处，是外省流民迁徙的目标之一。袁州的宜春、萍乡、分宜、万载诸县，嘉靖、万历以后，更有大量的福建、广西、广东和赣南农民涌入，拓荒种植番薯、芋头、生姜和水稻，兼替当地山主看护山林，走纸棚打短工等等，逐渐形成了与原籍土著居民相抗衡的社会势力。

清代前期，又有大批湖北和赣南客家移民进入赣西北，从湖南醴陵至江西萍乡的湘赣驿道是最重要的移民通道之一。清初，郑成功据守闽粤沿海地区，持续与清朝作战。为绝其后援，顺治十八年（1661 年），清政府下令将福建沿海居民迁入内地。当时赣湘交界山区一带荒无人烟，又有大量移民迁入。康熙年间，禁止"棚民"立户籍图册，直至雍正二年（1724 年）始将这些迁来的棚民入籍造册，并设客都、客图、客保区别之。修水、铜鼓一带的棚民主要来自福建上杭、广东梅县、江西赣州等地，获准落户后，官府定名"怀远"，隐寓招携之义。清朝中叶之后，又增加了科举考试名额，但仍因学额取录分配不公，常起争端，造成"土客"分歧（图 1-1）。

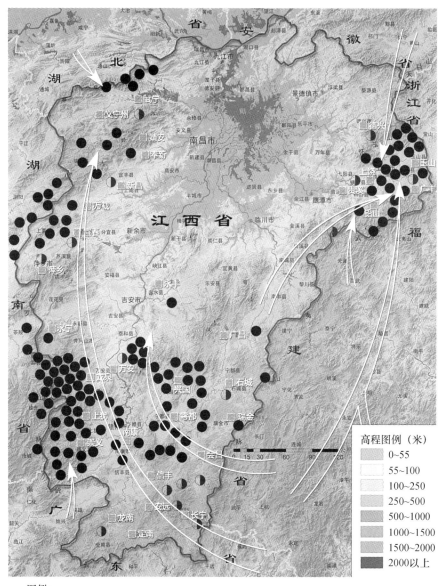

图例：
● 每点代表1万移民　◗ 移民人口不足1万　▣ 移民主要分布县　◀━━ 移民方向

图 1-1　清前期江西移民的迁入与分布

（图片来源：据《中国移民史》第六卷，第 249 页图 6-1 绘）

1.3　方言

胡希张等著《客家风华》认为，"客家民系可作如下界定，它是南迁汉民于南宋末年至明末清初，在赣闽粤边区与畲瑶等土著融合而形成的、具有独特方言、文化、风俗和特性的一个汉族民系。这里，形成时间、形成地域、族源和文化特征都作为构成客家民系的诸要素……尤其是客家方言，它是这个民系与其他汉族民系相区别而单独成为一个民系的决定因素。"作为移民，他们与迁居地居民交流使用当地方言，彼此之间交流时说客家话，没有特殊原因，双语制不可能长久维持。这必是因为他们有较强的族群意识，刻意保持自身的文化传统；也因为他们聚族而居，拥有自己的社区，有机会经常使用这种语言，而这种"刻意保持自身文化传统的社区"，正是客家建筑的研究对象。

考察客家方言在江西的分布，主要集中分布在江西省的南部，另外在江西中部和西北部的山区，丘陵地带也有少量分布，主要分布于三个片，35 个县市，使用人口约 800 万。宁都县、石城县、全南县、龙南县、定南县、寻乌县、永丰县（部分村镇）属于客家方言的"宁龙片"；瑞金市、南康市、于都县、赣县、大余县、崇义县、上犹县、兴国县、安远县、会昌县、信丰县（县城嘉定镇以及桃江乡的大部分、龙古乡的小部分除外）属于客家方言的"于信片"；修水县、武宁县、高安市、铜鼓县、万载县、奉新县、宜丰县、靖安县、井冈山市、永新县、吉安县、遂川县、万安县、泰和县、莲花县、铅山县、贵溪县的一部分村镇属于客家方言的"铜桂片"。（图 1-2）

方言在使用过程中会不可避免地受到周边人群语言的影响，客家社区在其迁入地也不是孤立的存在，必然会受到周边社会和自然环境、建筑传统和观念、建造的材料和方法的影响。较之方言，建筑对环境的适应性要求更高，建筑的用材做法等特征不像语言那样容易异地数代传承。

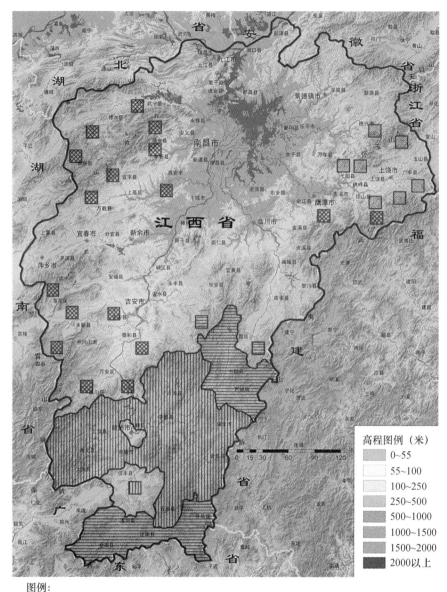

图例：

▥ 于信片　▨ 铜桂片　▤ 宁龙片　▦ 闽南片赣东北小片

图 1-2　客家方言在江西的分布

（图片来源：据《中国语言地图集》图 B2-9 绘）

　　在赣西南的崇义县，林区群众中还保留着一种独特的方言，如称"吃饭"为"开窑子"，"盐"为"海沙子"，"油"为"漫老子"，"酒"为"黄汤子"，"筷子"为"竿条子"，等等，类似元、明之际广东东莞、惠州等地盐场盐贩"海沙派"的黑话。"海沙派"盐贩曾经起事，也曾被招安，至明初，其头领家族被灭，之后消失。崇义县建立于明正德十二年（1517 年），系分割上犹县西部、南康县西南部和大余县西北部组合而成。外地移民之后陆续迁入该县，特别是从粤北、闽西等地迁来大量客户，会同当地居民从事开发垦殖，他们大都保留了各自的传统语腔。或许部分前"海沙派"帮众加入了这一移民潮流，保存了他们的语言特征。

崇义县境皆为山地，西、北部与湖南、大余县交界处多为崇山峻岭，长期以来只有行商往来，而缺少政治文化方面的交往，东、北部与上犹县相邻，虽然也为山地，但有较便捷的隘口通达，又长期同属南康县管辖，形成了更深的文化关联，因而在建筑形式风格上与上犹县最为接近。

上犹、崇义两县是江西客家建筑中"门榜文化"最为兴盛的地区。"门榜文化"即在建筑入口的上方，镶嵌一匾额，书有三至四字的"门榜"，可宣扬本族先贤事迹，可昭示家族门第渊源，或彰显门风高洁，或寓意吉祥兴盛，如"紫阳世第""善庆流芳""春申垂裕"等（图 1-3、图 1-4）。同时，基于建筑对自身环境的适应又有所区别，如崇义县的盆地尺度较上犹县小得多，因此小型山间谷地的防御性建筑为类似碉楼的水楼，而上犹县则可以建村城；也因为较多小尺度台地的建造基地，崇义县民居中吊楼的使用较为普遍（图 1-5、图 1-6）。

图 1-3 崇义县思顺乡何屋湾民居

图1-4 上犹县平富乡上弦村民居

图1-5 崇义县的山间台地建设环境——崇义县聂都乡竹洞村

（图片来源：竹洞村传统村落调查登记表）

图1-6　上犹县的山间盆地建设环境——上犹县平富乡上寨村

　　客家人中流传着"草鞋脚上，灵牌背上"的谚语，表现了他们的两个重要特征：迁徙谋生和崇宗敬祖。本书跟随客家移民在江西境内迁徙的路线，将使用客家方言的地区作为考察对象，确定研究范围，在所有实例中都将建造者的人口来源作为主要调查内容，力求认识他们的建造文化中如方言一般，既保留有中原古韵，又由于复杂的迁徙与融合，而打上了迁入地的文化烙印。

　　以"同宗同源"的血缘伦理为基础聚族而居是中华民族的传统，而客家人的族居传统中，更加入了迁徙的特征。客家先民迁徙至定居地初期，多因地制宜，在山间小盆地高阜处搭建茅棚居住，因觉得与祖宗共处一室，心中不安，于是专门搭个茅寮安放祖宗的灵牌。此后形成传统，造屋必先建厅，安放好祖先灵牌，再在厅边建房子居住，这样就形成了"居祀组合"型的民居。

　　此外由于迁入地自然和社会环境的险峻，地大山深、叠嶂连岭的自然环境，山僻俗悍、土客冲突的社会环境，产生了具有高度防御性的民居类型，发展成熟之后也成为江西客家民居的重要特征。

1.4 对环境的认知与适应

在这些山地环境中，长期以来形成的建造传统无不与当地客家居民对环境的认知与适应密切相关。在河谷纵横的山地丘陵中，地形变化复杂，建设环境局促有限，极易暴发山洪水灾及地质灾害。同时，这些地区经济技术水平发展落后，客家居民长期未能从科学的角度认知环境，没有形成基于地理、水文、气候等知识体系的技术方法，建造活动只能凭借个人经验，因此兴盛起堪舆风水之学。

传说唐末窦州人（今广东省信宜市）杨筠松，于唐僖宗在位期间（873—888 年）入朝为官，"掌灵台地理事"，很可能就是与堪舆有关的职务。881 年黄巢攻入长安，杨筠松出逃，辗转至赣州一带活动，将其掌握的堪舆知识整理成《撼龙经》《疑龙经》等著作，并传授给曾文辿、刘江东等弟子，遂使堪舆之学从此广为流传。其风水术主要基于对地形、水系等自然环境要素的解读，因此称为形势派风水。选址讲究"山环水抱"，具体包括"觅龙"（寻找适当的山势，选择开敞地形）、"察砂"（观察土壤情况）、"点穴"（确定适当位置）、"观水"（考察水文情况，避免受洪涝影响）、"取向"（综合日照、主导风向等因素选取适当的建筑朝向）等五个主要方面，实际上是对聚落或建筑周边的地势水文等自然环境要素进行一次空间解读，以建立较为理想的自然空间架构。至明代以后，这种堪舆习俗影响到江西全境各个阶层，尤其是山地环境的营建活动。

总之，客家移民传承了由自身文化观念形成的基本建筑空间构成和组织方式，并对迁入地变化的自然和文化环境做出了回应，形成了既秉承其固有观念又掺杂有复杂多元影响的建筑样式。本书通过考察移民路线，结合方言分布和环境地貌特征，综合不同因素的影响，试图解读江西现有客家建筑遗存，力求描绘出客家建筑在江西的分布及其主要特征的整体图像（图 1-7）。

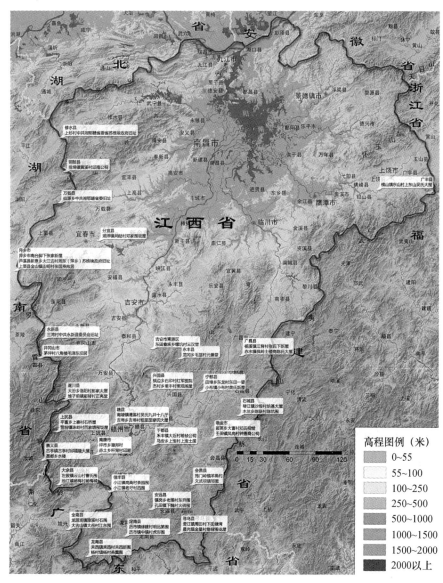

图 1-7 江西各县代表性客家民居

2 "居""祀"组合

客家方言中称一栋房子为"屋",祠堂称为"厅"或"厅厦"。江西客家人普遍称自己的民居形式为"厅屋组合式",即祠堂与住宅组合而成的居住建筑,笔者称之为"居祀组合"型住宅。目前所见江西客家民居大多能归为此类,只有一种被称为"独水"的住宅类型不属此类。据《安远县志》记载,"独水"即建一巷相对的两排房,巷前建大门,门槛下设廊,楼梯设于巷另一侧的廊下,巷中有天井,布局与广东民居中的"杠式楼"近似,如会昌县筠门岭镇羊角村周文标宅(图2-1)。

2.1 基本单元:四扇三间、六扇五间

江西客家民居中最简单的形式为四扇三间(习称上三)或六扇五间(习称上五),可以独立建造,也可以作为大型"居祀组合"住宅中的一个基本单元。独立建造时,就是一座小型的"居祀组合"型住宅,按地方传统描述为"中间建一栋式的厅堂,左、右开巷,巷前巷后共建 4 间或 8 间住房"。客家方言中"间"常作"栋",也就是建开间为一间的祖厅,厅中设神龛,祀祖先。

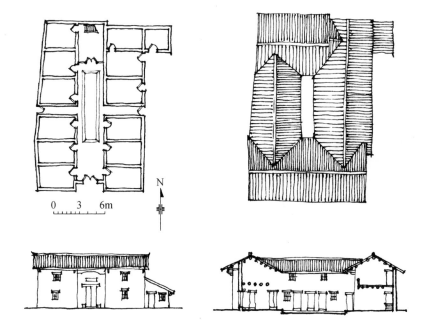

图2-1　会昌县筠门岭镇羊角村周文标宅

祖厅两侧为居室，居室不直接对厅开门，而在中部设一走廊，名曰"巷"，居室门对走廊开启。在不设中部走廊的情况下，居室门也会尽量不向"厅"开启，或将居室设置于靠入口，以维持作为"厅厦"的祖厅的空间完整性。厅两边的房间称"正栋间"，左边靠近入

口处房间叫"大手边前",右边近入口处房间叫"小手边前"。祖厅
完全对外开敞的四扇三间、六扇五间也很常见,如定南县龙塘镇桐
坑村某屋排(图2-2)、会昌县筠门岭羊角村环江公祠(图2-3)。

图2-2　定南县龙塘镇桐坑村某屋排

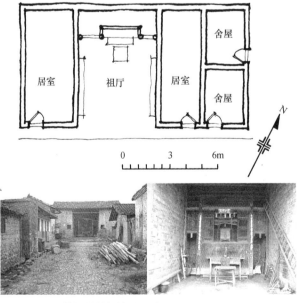

图2-3　会昌县筠门岭羊角村环江公祠

"四扇三间""六扇五间"也常设楼，楼梯厅设于厅后，以木屏与厅相隔，木屏两边开门。楼上通常用作储藏，存放粮油器物，一般低矮阴暗，不作居室，民间向有"寒热不登楼"之说。也有将楼梯设于室外山墙面，如定南县龙塘镇桐坑村民居（图2-4）。正房室外可设牛猪栏、柴火间及厕所等，加上围墙、院门——院门民间称"门楼"，讲究其方位朝向——形成院落，形成一个完整的小型"居祀组合"型住宅，如大余县左拔镇云山村围里69号宅（图2-5）。以"四扇三间""六扇五间"等基本单元为主体，加入倒座、侧院，也可以扩展为一座规模较大的住宅，如寻乌县澄江镇周田村老宅（图2-6）。

图2-4 定南县龙塘镇桐坑村民居

图2-5 大余县左拔镇云山村围里69号宅

　　住宅常在宅前围合庭院并兴建门楼，认为门楼比"厅堂门"（即建筑本体大门）更能影响气运，故有"门楼大进气大"、"千斤门楼三两厅"之说。若无院门则建筑外门必考察环境择定方位，通常建筑外门都会按趋吉避凶的方位转一个角度。

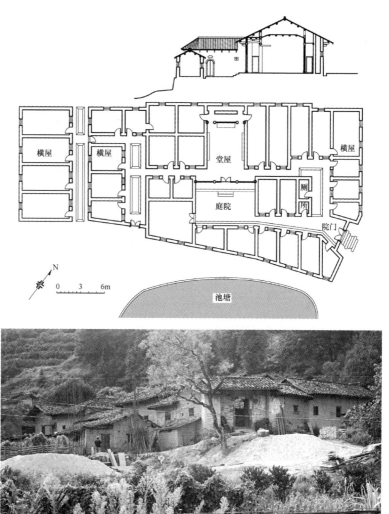

图2-6　寻乌县澄江镇周田村老宅

2.2　基本单元的扩展：上三下三、上五下五

　　上三、上五这类基本形态在两侧中部加建塞口（即子厅），中开天井，分上、下厅，即形成"上三下三""上五下五"式。如定南县龙塘镇洪洲村132号郭宅（图2-7），是典型的"上三下三"模式，建筑坐西北朝东南。郭氏于明天启元年从邻村老屋下迁此定居，但该

建筑建造年代不会早于清晚期。整座建筑通面阔 12.68 米，通进深约 17.6 米，二层。夯土墙体砌筑，墙约 0.4 米厚，入口门廊凹入约 1 米，门又向内旋转约 20 度。前进面宽约 3.2 米，进深约 4.8 米，其形式介于门屋与下厅之间，天井两侧厢房夯土墙高耸，每侧各开 2 门，一侧开有一窗，疑为后增，外部也仅二层有小窗，一层窗均为后增。天井部分的空间感受也介于院与天井之间。上厅为一间祖厅，厅两侧各有二间房间，楼梯位于靠近天井一侧的房间中，建筑底层层高约 2.9 米，檐口距地面约 4.9 米。整座建筑较封闭，具有很强的防御性。

图 2-7　定南县龙塘镇洪洲村 132 号郭宅

崇义县思顺乡南洲村"西平世第"是"上三下三"模式加后天井做法，即以一座三开间两进一天井建筑为主体形成的住宅（图2-8）。李氏于乾隆年间从本县沿潭迁入该村，于乾隆三十一年（1766年）建成此宅，此宅是非常难得的有准确建造时间的普通民居。建筑坐东南朝西北，院门偏东，上书"紫气东来"四字；建筑通面阔14.68米，通进深约25.6米，入口有简单门廊，向内凹入约0.6米，上嵌门榜"西平世第"，昭示家族为"西平堂李氏"之后。

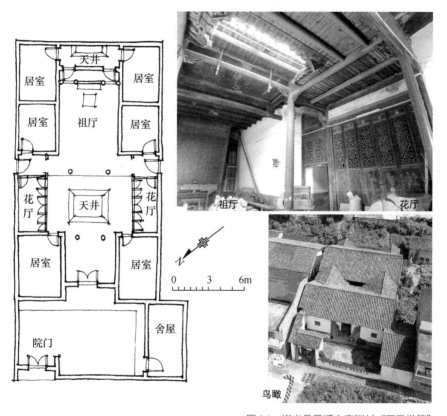

图2-8 崇义县思顺乡南洲村"西平世第"

前进明间为下厅，面阔约4.7米，进深约7.3米，明间朝向天井一侧额枋下又设二柱，为类似甬柱做法。上厅与下厅间设天井，天井两侧有厢房，当地称"子厅"或"塞口"，各装6扇雕刻精美的木格扇。子厅与上厅间设短走道，当地称"巷"，朝向天井的巷口上方有精美的罩，为透空的勾片梅花图案。天井为青石砌筑的土形天井，中部凸起的石板上有浮雕"犀牛望月"图案，落水口则巧妙藏于其下。经李氏后人指点，我们看到了刻在天井侧面的石板上的"乾隆丙戌叁十壹年"，字体大小6厘米左右见方。后进明间为上厅，朝向天井一侧的檐口，加设檐柱二根，上厅面阔5.2米，进深约10.5米，上厅后部设太师壁，两侧开门，壁前置长条神台。上堂后面还有一个半天井，两侧为厨房杂物间等。以上主体部分全部有阁楼，在巷中开口，设爬梯上下。

兴国县兴莲乡官田村文华公祠，为"上五下五"式（图2-9）。建于光绪二十九年（1903年），1931年至1934年中央兵工厂弹药科驻此。该建筑坐东南朝西北，通面阔约16米，通进深约22米，入口门廊凹入深约3米，宽约10米。开有三扇门，下厅三开间，上厅一开间，中部有土型天井。除门廊两侧的两个房间用作储存功能、上厅为祖厅外，其余房间均用作居住。祖厅层高约4.8米，为全宅空间最高敞处，楼梯位于天井旁厢房内。砖木结构，封火山墙。

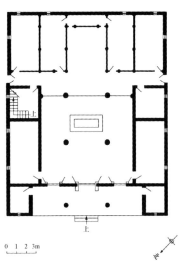

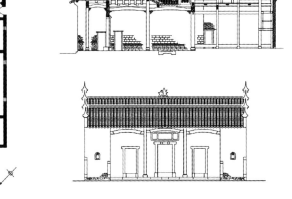

0 1 2 3m

图2-9　兴国县兴莲乡官田村文华公祠
（图片来源：官田村传统村落调查登记表）

2.3　横屋堂屋组合式

"四扇三间"或"六扇五间"可以在两边各建一排或两排住宅，

谓之"直首",在赣南也多称之为"排屋",在赣西多称之为"陪屋"。因轴线方向与主体垂直,本文通称为横屋堂屋组合式。如井冈山市茅坪村中国工农革命军第一师师部旧址(图2-10)。

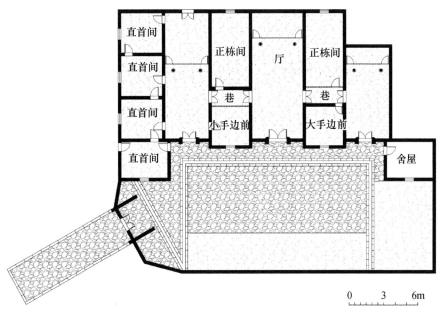

图 2-10　井冈山市茅坪村中国工农革命军第一师师部旧址平面图
(图片来源:《江西·井冈山市茅坪乡茅坪村传统村落保护发展规划 2015—2030》)

"上三下三""上五下五"同样可以在正屋两旁扩建横屋,正屋与横屋之间的过道称为"洞",也有称"天街";正屋与横屋之间的连接处称"洞水"。这样原来的"上五下五""上三下三"的正屋,可以整座建筑作为祠堂祭祀之用,也可以将除了厅以外的房间仍作居室使用。整座建筑作为祠堂祭祀使用时,原来上、下厅两边房间的门可以开向堂屋内天井方向,但如果厅两边房间要作居室使用,则门应开向横屋一侧,以保持"居"与"祀"空间的独立性。如兴国县兴莲乡官田村礼布(图2-11)。如果上、下厅两边房间的门仍开向"巷"(或称"塞口""掖廊"),则朝向天井的巷口上方必有罩或形成门洞,以保持祖厅空间的完整。黄浩先生在谈到利用天井进行横屋堂屋组合的客家民居与江西主流的天井式民居的区别时说:"它不是很严格按照以天井为中心组织一进为单元来组织平面,而只是把天井抽取出来满足内空间采光通风的需要。（横屋堂屋组合式民居）主体还算基本按照天井式一进来编排的，它勉强还保留前堂、正堂和两厢的格局，可是两厢已经变为通往左右两个单元的过厅。主体与两侧这两个附房单元中间的天井也只是连接的过渡空间。这种串连和编排已经多少背离了天井式民居的组接规律。"

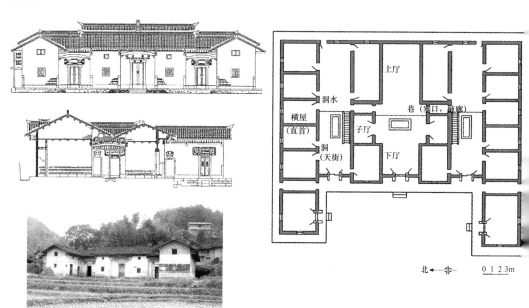

图2-11 兴国县兴莲乡官田村礼布
（图片来源：官田村传统村落调查登记表）

　　也有将整座主屋作为祠堂，家族成员只在横屋中生活。广昌县驿前镇下贯背赖氏大夫第是一座由五间三进的主屋左右各加一道横屋构成的大型居祀组合型建筑（图2-12），主屋有上、中、下三厅，中部及边跨天井共6个，占地约650平方米，高敞明亮，全部用作祠堂祭祀功能（图2-13）；横屋占地不足500平方米，朝向不佳，内部空间低矮局促，但家族成员仍居住在两侧的横屋中（图2-14），而不使用主屋中大量空置房间。

2-12 | 2-13

图 2-12　驿前镇下贯背赖氏大夫第前院

图 2-13　驿前镇下贯背赖氏大夫第堂屋中厅

图 2-14　驿前镇下贯背赖氏大夫第横屋天街

"上三下三"或"上五下五"形成的上、下堂主屋两侧各加一排横屋就形成了一栋"两堂两横"的建筑，如会昌县麻州镇湘江村邹氏厅厦（图2-15）。这种"横堂屋"是江西客家建筑最常见的形态。

图 2-15　会昌县麻州镇湘江村邹氏厅厦

堂的数量可增加，最多可达五进；横屋也可以不断增加，可以在正屋两侧加，也可以加在正屋后侧，至于数量有没有限制，尚未有定论，大者如龙南县杉树村廖家大屋（图2-16），在已不完整的情况下仍有三堂七横六后枕屋，屋前晒坪现在成了停车场，规划道路正欲将其铲除。

图 2-16　龙南县杉树村廖家大屋

一些横屋堂屋组合式大屋在横屋端部加炮楼，形成较封闭的形态，就形成了围屋，如定南县历市镇竹园村赖氏小围（图2-17）。当后枕

屋呈半圆形，与横屋相连形成 U 形包裹堂屋时，则形成了围垅屋，如
寻乌县晨光镇沁园春村古氏分祠（图 2-18）。当然无论是围屋还是围
垅屋，都还有许多其他设置和建设规律，但不可否认这种"横屋堂屋
组合式"是客家大屋基本的空间组合方式。

图 2-17　定南县历市镇竹园村赖氏小围

图 2-18　寻乌县晨光镇沁园春村古氏分祠

　　赣、闽、粤民间形容客家大型宅院，向有"九厅十八井""九井十八
厅"说，即整栋建筑有九个天井、十八个厅堂，或十八个天井、九个厅

堂，都是形容建筑规模宏大，布局讲究，为名门望族、富有之家的住宅。这种组合方式易于形成聚族而居的大型"居祀组合"建筑。对于如何达成这一格局，有诸多猜测与研究，如"九厅十八井"民居的"厅"，指的是中轴线上的正厅、前厅、后厅以及门楼厅等，也包括横屋中的侧厅（堂屋）和花厅；"井"指的是天井，即小庭院（区别于北方四合院大庭院），"九厅十八井"中的天井包括中轴线上厅堂前的天井，也包括横屋内的天井。"九"和"十八"均为约数，事实上极少有建筑能够正好符合。据万幼楠先生调查，南康凤岗董氏九井十八厅民居正好符合"九井十八厅"格局（图2-19）。笔者根据《会昌县志》相关描述，绘制了"九厅十八井"的典型平面图（图2-20）。在经济勃兴时，江西各地都修建大宅，如著名的广丰县十都王家大屋，也有房间百余间，天井30余个。这类大屋通常通过多进的官厅和转折的厢房，组成多路、多进的大宅，与基于"横屋堂屋组合"而形成的客家大屋空间组合逻辑并不相同。

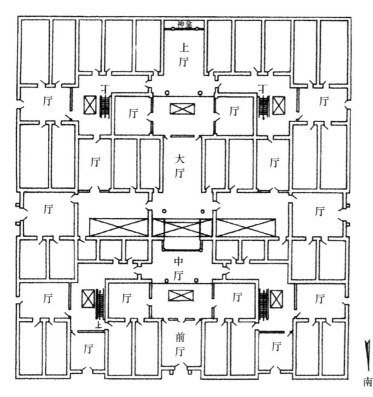

图2-19　南康凤岗董氏九井十八厅民居平面图

（图片来源：《赣南历史建筑研究》）

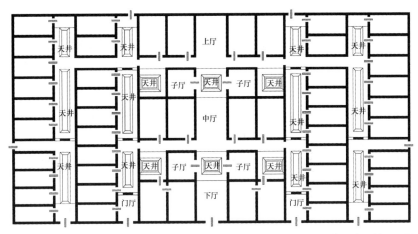

图 2-20　九厅十八井平面图

　　号称"九厅十八井"或"九井十八厅"的建筑很多，但并非所有由多进堂屋与横屋组合的大型建筑就是"九厅十八井"、"九井十八厅"，它特指多进厅堂与横屋连接时加入了许多连接的厅、洞水，形成了若干天井，整体上有较规整的空间布局的大型"横屋堂屋组合式"建筑。广昌县赤水镇枫岭村土楼岗陈氏大屋（图 2-21），是一座三堂八横三后枕屋的大型建筑，直到 20 世纪末还有住户 15 户，百余人，现在仅有 1 人居住。尽管规模大，但它并不是"九厅十八井"或"九井十八厅"建筑，因为堂屋与横屋之间缺少连接体，堂屋与横屋、后枕屋之间的空间模式主要是"院"和"巷"，这类建筑一般质量较被称作"九厅十八井"或"九井十八厅"的建筑要差。

图 2-21　广昌县赤水镇枫岭村土楼岗陈氏大屋

在信丰县以南部分地区，"居"和"祀"的组合关系，不像"横屋堂屋组合式"那样是相互垂直的关系，而是族人住宅与祖厅同一朝向，依祖厅两侧排成一字形，这样易于取得较好的采光及朝向。经笔者调查，各地对此种组合方式没有形成约定俗成的名称，本书暂称为"排屋、堂屋组合式"，如龙南县里仁镇冯湾村铜锣湾钟屋（图2-22）。

图 2-22　龙南县里仁镇冯湾村铜锣湾钟屋

这种住宅与祖厅的排列，再加上边缘的横屋，也能构成围屋。如龙南县里仁镇冯湾村大榴围（图 2-23）、龙南县杨村镇坪上村坪上围（图2-24）。

图 2-23　龙南县里仁镇冯湾村大榴围

图2-24 龙南县杨村镇坪上村坪上围

2.4 四合中庭型

　　较之四扇三间、上三下三式建筑，"四合中庭"是客家建筑的另一种常见的基本空间模式。其典型形式为大庭院式楼房，二层朝庭院一侧常设贯通整层的走道，称走马楼。一般在首层后栋正中设祖厅一间，入口门厅设楼梯，其余房间为居室。外部常搭建披房作畜舍、柴草间和厕所。如定南县历市镇中镇村钟屋（图2-25）。

图2-25 定南县历市镇中镇村钟屋

与"上三下三"或"上五下五"加横屋形成"横堂组合式"建筑一样，"四合中庭"也可以作为主屋在两侧加建横屋，而构成较大规模居祀组合建筑，如定南县岿美山镇羊陂村黄屋（图 2-26）；也能作为堂屋，加建横屋与后围龙而形成围垅屋，如寻乌县晨光镇沁园春村瑞德堂（图 2-27）。

图 2-26　定南县岿美山镇羊陂村黄屋

图 2-27　寻乌县晨光镇沁园春村瑞德堂

四合中庭民居四角加炮楼，就成了"四点金围寨"，如定南县峃美山镇左拔村永安围（图2-28）；或者外墙建成坚固封闭、高度防御性的面貌，也成了围屋，如龙南县杨村镇细围（图2-29）。

图2-28　定南县峃美山镇左拔村永安围

图2-29　龙南县杨村镇细围

2.5 围垅屋

围垅屋是一种具有鲜明特征的客家民居，产生于广东梅州、兴宁等地，如前所述它与"横堂式"大屋有相似的空间组织逻辑，但它具有包含厅堂、天井、天街、横屋、围拢、禾坪、池塘、化胎等整套建筑配置与组合规则。依据其前有来水、背有靠山、左右砂山拱抱的选址观念及所处地域的环境特征，使建筑必建于一缓坡上，常有沿坡地形成的上升形象，加上中心对称的布置方式，使之成为一种有较强辨识性的民居类型。

围垅屋在江西主要分布在与广东梅州、兴宁交界的寻乌县，这里的地理环境、气候风俗都与广东梅州、兴宁更接近，比如江西人大都喜欢吃辣，而寻乌县人则称辣椒会伤目伤胃、造成便秘，爱吃者少而忌吃者多。江西其他地方的围垅屋多由明清之际从广东、福建迁来者建造，如会昌县筠门岭镇芙蓉村朱氏围垅屋，据称其开基者朱志达从福建太阳桥迁此，迄今已繁衍 21 代。又如新余市分宜县湖泽镇尚睦村邓家围垅屋，据尚睦邓氏族谱载，邓氏先人邓勋于清乾隆年间由广东梅县迁来，其三子邓锦彪于嘉庆十年（1805 年）动土兴建围垅屋，历时 14 年建成。

2.6 防御性民居

明代中后期，农民破产流亡严重，他们往往逃入深山长谷，砍山耕活，艰苦度日。但当山区富有生气的定居点逐渐形成，官府豪绅的盘剥奴役也接踵而至，引发了明末江西与广东交界处山区此起彼伏的农民起义，造成了社会的动荡不安。这期间为了避乱和聚族自保，产生了高度防御性的各类民居，如围屋、围寨、村城、村围、水楼等，这类民居在居、祀功能之外加入了防御功能，并予以高度重视，因此往往需要集家族全部人力、物力，花费数年时间构筑。

这种带有军事化和宗族化双重特征的居住建筑在江西主要分布在赣南地区，从明末起持续大量建造至清末民初，在龙南县、定南县、全南县、安远县等许多地方甚至成为当地建筑的主要特征。在发展演变的过程中，有些类型消失了，如村城、水楼；有些类型衰落了，如围寨、村围；有些类型发展得日益成熟完善，如围屋，形成了相对清晰的建造规律，从而获得了较显著的可识别性。

围屋、围寨、村城、村围等类型以后章节会分类详述，而独立建造的"水楼"目前只发现一个案例，这就是崇义县聂都乡明代水楼。

聂都水楼位于崇义县西南山区的一个山间小盆地，盆地宽度约2000米。据万历《重修南安府志》载："（崇义）水楼，凡五，俱在聂都，乡民建之自固。"据光绪《崇义县志》载："所谓水楼，凡五者，东为黄氏，南为罗氏，西为吴氏，北为周氏。若张氏则奠于中央，俱池水环之……层楼内转瓴甋，外固棋置星罗，屹然不孤。或云创自明宣德间，或云成化，时远莫可稽。"这一时期正是当地人民因"民产已穷，征求未息"而"群聚为盗"的时期，当时以横水、左溪、桶冈为中心，建立的大小山寨有八九十个。明正德十一年（1516年），王守仁受命巡抚赣南，率兵镇压，当年攻毁山寨80余处。正德十二年（1517年），王守仁镇压了谢志山农民起义后，奏割上犹、南康、大庾三县地设立崇义县。水楼正建造于当地最混乱的时期，时间早于崇义县建县时间。据相关资料推测，水楼应为方形平面的雕堡类建筑，四面环水，内有水井，故称水楼。据《崇义县志》记载，水楼主要毁于清光绪二十四年（1898年）三月，粤兵窜扰聂都时被烧毁，现仅存部分基址（图2-30）。

图2-30 崇义县聂都水楼现存残迹的三楼位置关系

　　田野调查发现，目前仍可见三处遗址。罗氏水楼现存一个楼角，一段长墙基，一段短墙基（图2-31）。2018年8月刚刚推平残墙，平整了场地，拟建新屋，现场堆放了许多拆下的楼砖，尺寸约为320毫米×155毫米×80毫米，村民介绍说罗氏水楼面积最大。

图2-31　崇义县聂都罗氏水楼遗迹

　　周氏水楼现存三个楼角（图2-32），三段石砌楼墙，残高约1~4米。外轮廓边长约16米，据住在当地的七十一岁的周老先生介绍，水楼原来约有三层楼高，因水楼为村里集体所有，历年村民修屋，均会去拆水楼大石做基础。平时大家去环绕水楼的池塘洗尿桶，当地得名"尿桶塘"。村民介绍说周氏水楼面积第二大，但用石料尺寸最大，据现场测量，最长的砌筑石材长约1米，高约0.55米，最厚的块石厚约0.5米，大部分石材长0.4~0.8米。

图2-32　崇义县聂都周氏水楼遗迹

张氏水楼现存一个楼角，两段楼基础（图2-33）。张氏水楼距罗氏水楼的直线距离约为185米，距周氏水楼的直线距离约为145米。住在当地的张老先生强调，张氏水楼"是旱楼，四周不临水"，张氏水楼楼基采用条石，而非块石，用料和面积均是三座还能找到遗迹的水楼中最小的。

图2-33　崇义县聂都张氏水楼遗迹

2.7　居祀组合

　　从简单的四扇三间到规模宏大的围屋，它们的共同特征就是均为"居祀组合"型建筑。"居"、"祀"被严格地区分为两类性质不同的空间，相对独立，在空间上几乎完全分离。笔者所见江西客家建筑从只有三间房间的小型住宅到有百余间房间的"九井十八厅"，其祖厅均为一开间，功能仅限于祭祀，家具陈设的普遍格式为中部设神厨，神厨前摆长条神台，上安神位；神台前放方桌，方桌上放置献食的贡品；两侧置条凳（图2-34）。这与"居祀合一"的土著民居有着显著的差异。如大余县左拔镇云山村围里112号宅，是一座四扇三间建筑，其厅堂仅有祭祀功能（图2-35）；同样为三开间独栋建筑的吉安市兴桥镇钓源村欧阳定如宅，则是一座"居祀合一"民居，其厅堂既有神龛，也有饭桌、电饭煲、热水瓶、电视机、木沙发等多种家具和电器，兼具起居和祭祀双重功能（图2-36）。

图 2-34 会昌县筠门岭镇羊角村刘氏宗祠上厅

图 2-35 大余县左拔镇云山村围里 112 号宅厅堂

图2-36 吉安市兴桥镇钓源村欧阳定如宅厅堂

　　"上三下三"或"上五下五"与江西主流的天井式民居有相似的空间组合，但客家民居中的"上厅"空间为完全的祭祀功能，如广昌县尖峰乡观前村吴宅（图2-37）。金溪县双塘镇竹桥村余国文宅是一座"居祀合一"民居，其堂屋有起居、祭祀的双重功能，堂屋两侧则为家主卧室（图2-38）。

图2-37 广昌县尖峰乡观前村吴宅上厅

图 2-38　金溪县双塘镇竹桥村余国文宅厅堂

　　小型建筑尚且如此，大型建筑更是如此，以至于许多大屋、围屋建筑拆除时，都能把祠堂独立地保留下来，如定南县历市镇中镇村大夫第（图 2-39）。

图 2-39　定南县历市镇中镇村大夫第

综上所述，江西客家建筑在保留自身传统的同时，也具有移居地人民的文化特征，在"居"与"祀"的不同组合中创造了丰富多样的形式，主要包括以下类型：四扇三间、五扇六间类型的单体建筑；上三下三、上五下五类型上、下厅建筑；横堂组合式，从小型的"两堂两横"到堂屋、横屋、排屋组合的大型建筑；四合中庭式，围绕大庭院建造的多层建筑；围垅屋；围屋和围寨。

　　此外，还有达到聚落尺度的特殊类型，包括村围与村城。本书将分别予以介绍。

3 横屋堂屋组合式

"横屋堂屋组合式"（以下简称"横堂式"）是江西客家"居祀组合"建筑中最为常见的组织方式，即由承担祭祀功能的"厅堂"与承担居住功能的"横屋"（或称"陪屋"）正面相垂直组合，或"横屋"与"后枕屋"（或称"后拖陪"）对"厅堂"呈环抱之势组合，空间上、形式上均构成明显的主从关系。

"横堂式"建筑分布极广，北至江西西北角的修水县，东至江西东北角的广丰县，西、南均至省界，仅在赣南的信丰、全南、龙南、安远、定南几个县有所减少，遍及江西客家各个聚居区。组织模式从一堂一横，即一进的厅堂加一道横屋，到五进厅堂加数道横屋及后枕屋。其中最为常见的是二堂二横，这几乎成为中型江西客家住宅的基本模式。一座完整的"横堂式"建筑的构成还会加入作为辅助用房的舍屋、晒坪、院墙、院门、池塘等。

建筑选址多位于靠山面水的缓坡上，虽然赣南民间有谚曰"坐北朝南，冇食都更清闲"，但实施中还是根据具体环境选择合适的场地，方位上根据堪舆术，讲求相生，避免相克，如建筑坐向癸丁兼丑未，则是富贵双全之宅。屋后靠山为龙脉，涌涌而来，绵绵不绝为佳；屋前池塘表示吉水临照，若有小河流过，曲水冠带更佳；远处朝山，峰峦卓拔、形如笔架者为佳；左、右砂山拱持，如华表捍户者为佳。如果自然环境不能尽如人意，则进行适当营造，如民间有"宁肯青龙（建筑左侧）高万丈，不许白虎（建筑右侧）抬头望"的风水观。当建筑坐向与环境条件不符合这一要求时，则尽量选择左高右低的场地，或将建筑做成不对称形式，与自然环境达成平衡。种植设计也是一种方式，如在屋后种植后龙树，"后龙树"常选择松树，因为有"松树是大夫树，能迎龙"的说法。还有选择院门朝向以改善建筑与环境的格局，某些地区有池塘不可设于院门口的说法，如"门口开塘，家破人亡"之说，从院门向外看也忌讳看到光秃秃的园岗，如无法避开这些，则在离门几丈外建一照墙，挡住"煞气"，等等。

在场地高差较小的情况下，堂屋屋顶每进也会略有升高，中部屋顶会比两侧略高。横屋与堂屋的排列上有横屋伸出和横屋与堂屋齐平（俗称"齐檐"）两种（图 3-1、图 3-2）。为强调堂屋的地位，有时会在堂屋二侧设置封火山墙，横屋的收头做法有二坡顶、封火山墙、四坡顶、歇山顶等。除了堂屋设外门，堂屋与横屋之间的过道有时也会封闭设门，客家人常称这一过道为"洞"或"天街"。客家人好客敬长，民间有"过洞府（门槛）前都是客"的说法。

图 3-1　寻乌县文峰乡长举村圳头龚氏祠堂为横屋伸出堂屋做法

图 3-2　上犹县营前镇下湾村社下叶屋为横屋与堂屋齐檐做法

3.1　小型"横堂式"居祀组合民居

　　一进祖堂加横屋构成的"横堂式"并不少见，但建筑质量好、被记录和保存的较少。石城县高田镇堂下村走马塘土楼，为一堂二横（图 3-3）。堂下村地处赣闽边界，村中有直通福建宁化的古道。村落四周群山起伏，建造场地十分有限，村中建筑多为传统的四扇三间、五扇六间，首层为祖厅、厨房，二层为居室。走马塘土楼即为这样一座传统的单栋建筑，一侧加上了二排沿山坡跌落的横屋，堂屋总面宽约 17.2 米，进深约 7.3 米，祖厅面宽约 3.5 米。虽然整座建筑呈不对称布局，堂屋部分仍为中部屋顶略高于两侧，为对称而主从关系明确的建筑。屋前有舍屋、池塘。走马塘土楼为土木结构，由于当地山高林密盛产木材，有全木结构的民居，因此该建筑也大量使用木外墙，堂屋、横屋二层均设吊楼，极具山区建筑特色。

图 3-3　一堂二横的石城县高田镇堂下村走马塘土楼

　　兴国县枫边乡石印村也处于群山环抱之中，整个村落都建于山间台地上。红军在第一次"反围剿"期间，在此驻扎了红军医院第二分院第四分所，这期间村中四十余名妇女自发成立了洗衣队、护理队和炊事班，有力地支援了红军作战。三十余名男青年参加了红军，在跟随部队转战的过程中，大部分壮烈牺牲。石印村山阳磜红军医院旧址为村中规模最大的建筑，坐东南朝西北，一堂二横中心对称布局，共二层（图 3-4）。院门朝向东北方向。堂屋面宽约 11 米，进深约 11.5 米，横屋进深约 6 米。由于坐落在山间台地上，横屋也呈跌落布局，堂屋入口处向内凹入，堂屋为砖墙，横屋为夯土墙，整座建筑外观较封闭，从形象到布局均为典型的小型"横堂式"建筑特征。

　　二进祖堂加一至二道横屋构成的"横堂式"最为普遍，横屋与堂屋齐檐或横屋向前伸出两种组合均有。福建某些地方的客家人认为横屋出头太多不吉，但江西民间并无此说法。

　　吉安市东固乡螺坑村云汉堂为二堂二横布局，横屋较堂屋伸出约 13 米（图 3-5）。建筑坐东南朝西北，院门朝西南方向。1929 年该宅

为红军征用，毛泽东在此主持召开了军队和党员干部会议，传达中共
"六大"决议和"十大政纲"。这次会议是红四军与红二、四团第一次
正式接触，为两支红军主力的团结战斗奠定了政治基础，对革命根据
地的壮大发展起到了重要作用。该建筑对称布局，堂屋为五间二进，
通面阔与通进深均为22米，入口有凹入门廊，横屋进深约5米，二层，
砖木结构，总高度约8米。整座建筑可视作"二堂二横"、横屋出头
的布置方法的标准器。

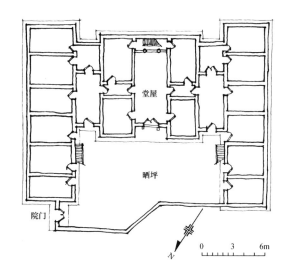

图3-4　兴国县枫边乡石印村山阳磜红军医院旧址平面

　　横屋与堂屋齐檐的做法通常是"横堂式"中更讲究的方式。上犹
县营前镇象牙村崩河塘陈屋是一座二堂一横的小型住宅（图3-6），建
筑面积约500平方米。陈氏于康熙年间由广东兴宁迁入，于清末建成
此宅。因为横、堂齐檐，所以整座建筑平面轮廓呈长方形，总面宽约
28米，总进深约20米，坐西朝东。1929年1月17日，毛泽东率红
军主力从井冈山向赣南闽西进军，经遂川县进入营前镇时曾在此居住。

堂屋部分为砖墙，横屋为夯土墙，山墙承檩结构体系。堂屋下厅朝向天井一侧有屏门，上厅天花为船篷轩顶，为上犹县、遂川县一带地方做法。屋外有与建筑面宽尺寸接近的半圆形池塘。从厅门向外眺望，禾坪、荷池、案山、朝山等层次分明，景色怡人。

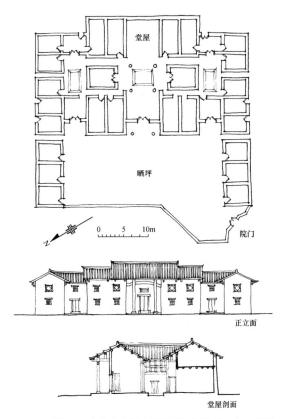

图 3-5　吉安市东固乡螺坑村云汉堂平、立、剖面

图 3-6　上犹县营前镇象牙村崩河墈陈屋

47

3.2 中型"横堂式"居祀组合民居

中型的"横堂式"如广昌县赤水镇章甫姚家屋，为三堂二横（图3-7）。坐西朝东，面朝盱江，砖木结构，山墙承檩。堂屋五间三进，总面阔约18米，总进深约27米，左右二道横屋，一道出头，一道与堂屋齐檐，横屋进深约6.5米。该建筑木结构十分简陋，几无雕饰，上厅也无吊顶天花。但该建筑大量使用砖砌，只在少数局部疑似改建加建的部分用了土坯砖。传统社会中一般祠堂、庙宇和富户住宅才用砖，"横堂式"建筑中则堂屋用砖，横屋用土坯或夯土。章甫姚家屋基础为红石，横屋、堂屋均使用青砖，建筑内外转角处都使用了红石加固（图3-8）。此屋造主姚氏系明代来自南丰县的移民，这说明"横堂式"在客家文化影响大的区域，成为一种地方做法。

图3-7 广昌县赤水镇章甫姚家屋

会昌县周田镇长田村何屋为二堂三横一后枕屋（图3-9），横屋伸出围合前院晒坪，建筑坐东北朝西南，屋前有半圆形水池。堂屋三间二进，总面阔约13米，总进深约18米，横屋进深约6.5米。建筑基础、转角处、门框、外窗均采用红石，堂屋内所有可见之处均用砖、木，其余部分则用土坯砖，如祖厅内吊顶以上、祖厅后墙为土坯砖砌，因这些部分均有木装修可供遮挡土坯砖墙。长田村何氏开基祖何至远于明末从本县筠门岭白埠迁此，确切建筑年代未详。现在此屋已无人居住，但由于长期以来一直是该村最大规模的建筑，村委会在进村道路入口处立有"长田塍何屋"碑。

图 3-8　广昌县赤水镇章甫姚家屋外立面

图 3-9　会昌县周田镇长田村何屋

寻乌县文峰乡长举村刘氏大屋为二堂四横一后枕屋（图3-10），其独特之处在于堂前还建有三道弧形建筑，每道由大约10间房间组成，

49

均为柴房等辅助用房。居祀组合民居前经常建有此类辅助用房，通称"舍屋"，一般都体形零散、型制简陋，尽量靠边建造，极少见到这种赋予具有规律性的几何形状的组合方式（图3-11）。另外，该建筑整体质量甚差，几乎全部由土坯砖墙建造，仅祠堂各重要转角位置使用了砖砌加固。建筑之间有河石砌筑的排水沟，形状粗犷。

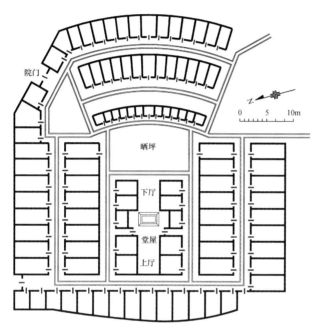

图3-10 寻乌县文峰乡长举村刘氏大屋平面

图3-11 寻乌县文峰乡长举村刘氏大屋弧形舍屋

上述龚氏祠堂、刘氏大屋二座建筑都曾是当地典型的居住形态，直到 2000 年左右还大量存在，不过目前龚氏祠堂已无人居住，刘氏大屋亦仅有一户还在此居住，两座建筑均已十分残破，相信也很快会被拆除。

铜鼓县排埠镇黄溪村邱南公祠是一座三堂四横的"横堂式"建筑（图 3-12），是省级重点文物保护单位，得到了较好的维护和修缮，是赣西客家建筑的代表。邱南公祠所在的铜鼓县排埠镇客家人众多，邱氏在其中入境较早，人数最多，向来系当地大族。据邱氏族谱记载，清康熙年间（1662—1722 年），邱端我自广东嘉应州（今广东省梅州市）迁来此地。其子邱南山继承家业，大约于清乾隆（1736—1796 年）初年动工起造大屋，约经 20 年建成。邱南山在建造过程中去世，为纪念他，在大屋建成后，其子孙将大屋命名为"邱南公祠"。此后，邱南山后人一直居住在这里，人数最多时有近 200 人。

图 3-12　铜鼓县排埠镇黄溪村邱南公祠鸟瞰
（图片来源：铜鼓县文化局提供）

邱南公祠总占地面积约 7300 平方米，现存建筑面积约 4000 平方米。建筑坐东北朝西南。背靠小山丘，前有巨大半圆形水塘，由一道坚固围墙包围。堂屋为五间三进，其南北两侧各有二道横屋，横屋突出于堂屋约 8 米，横屋端部为马头墙，其上又有吊楼，是一种综合了山区建筑元素与赣中主流建筑元素的做法，这种方式在赣西的铜鼓县、万载县一带的"横堂式"大屋中较为常见。宅前以矮墙围成宽广的禾坪，面积约 1300 平方米。禾坪前有半圆形水塘（图 3-13）。

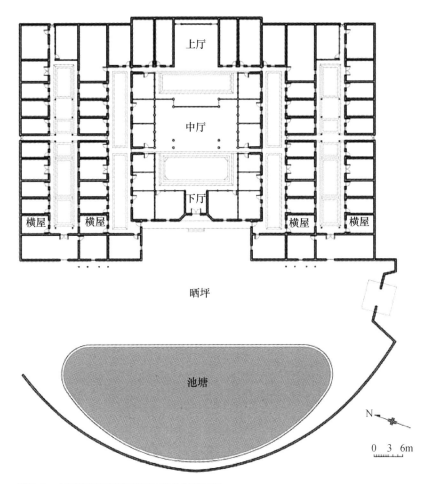

图 3-13　铜鼓县排埠镇黄溪村邱南公祠平面图

堂屋外墙均为青砖眠砌到顶，是非常奢侈的做法。主入口为门斗式，凹入两步架，以鳌鱼式拱承托挑檐檩。下厅仅明间一间，外设板门，内设屏门。入内为一大天井，天井内以卵石作花街铺地，两侧设厢房，均带出挑一步的阁楼，以纤细撑拱支撑挑梁。天井后为三开间中厅，进深共 17 檩，明间设抬梁式屋架，内抬 9 檩，外设双步梁，建筑虽不高大，梁架却很壮观。所有蜀柱均做莲花座，梁头均出卷云。边缝为穿斗式，每两穿一落地，承檩穿梁均为月梁，上起驼峰承托檩条，又从驼峰上出一跳丁头拱，以加强与檩条间的联系。穿梁以下的周围内墙面均为板壁，穿梁以上均为粉壁，地面为方砖铺地。前天井及中厅周围，所有木结构构架均漆黟，所有板壁、板门均漆朱，红黑二色形成庄重的对比（图 3-14）。中厅后为后天井，尺度稍小。上厅仅明间一间，为祖厅（图 3-15）。除中厅外，其余均为山墙承檩。两侧横屋做法较堂屋简陋很多(图 3-16)。墙体为青砖眠砌勒脚至窗台下，以上俱为土坯砖墙。除与堂屋连接部分有较好的门窗槅扇外，其余均为简单直棂窗。

图 3-14　铜鼓县排埠镇黄溪村邱南公祠中厅

图 3-15　铜鼓县排埠镇黄溪村邱南公祠上厅

图 3-16　铜鼓县排埠镇黄溪村邱南公祠横屋天井

3.3　大型"横堂式"居祀组合民居

　　由于聚族而居，特别是一个家族住在一栋建筑里的居住方式被历史淘汰已近一个世纪，所以大型"横堂式"居祀组合建筑能保存下来的极为有限。笔者在调查中仅见到过少量实例，例如赣县吉埠镇吉埠村粗里面廖氏大屋，二堂七横二后枕屋，为清顺治年间迁入此地种植苎麻的廖氏所建。又如万安县涧田乡益富村水坑黄氏大屋，三堂六横一后枕屋，清顺治元年黄氏由广东迁来建村，此屋建造时间不详。

　　位于瑞金市拔英乡大富村禾仓排的邓氏祠堂二堂七横（图3-17），占地面积约 1100 平方米。该村地处瑞金市东南方向 52 公里的群山中，东临福建省长汀县。邓氏一族清初由福建连城迁入，该建筑为清朝嘉庆年间所建，坐东朝西，背靠大山，面朝小河，麻石基础，土木结构（图3-18）。建筑前的禾坪上有旗杆石群 14 根，旗杆石柱身上依稀可见"丙子科"、"庚辰科"字样，伴有雕刻纹格，柱顶有狮身、虎头、麒麟等雕塑。禾坪为鹅卵石铺地，中部拼成阴阳八卦图案。建筑间有大河石砌的排水沟。建筑因地形呈不对称布局，右侧的横屋伸出堂屋，左侧的横屋与堂屋齐檐。

图 3-17 瑞金市拔英乡大富村邓氏祠堂
（图片来源：大富村传统村落调查登记表）

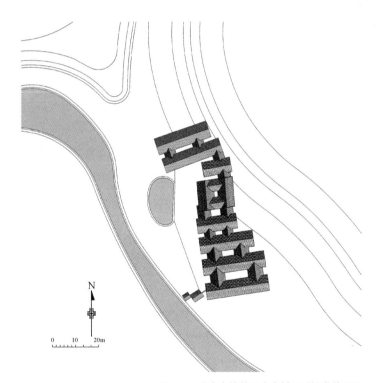

图 3-18 瑞金市拔英乡大富村邓氏祠堂总平面
（图片来源：据谷歌地球重绘）

　　定南县老城镇水西村温屋（图 3-19），其中部为上、中、下三厅，一侧有横屋五横，另一侧有八横，堂屋后还有五道后枕屋。建筑正面通面宽约 100 米，最大通进深约 81 米，总占地面积约 7000 平方米，构成了一栋居住人口规模相当于村落的大型居住建筑。温氏于明隆庆二年（1568 年）由广东嘉应州迁来，先至龙南，再至本地定居，称"太原堂"。当时定南县城还在老城镇，距此约 3 公里。建筑具体建造年代不详，位于开阔河谷之中，坐西朝东。老城水从建筑北面自西向东流过，经老城镇，至约 30 公里外的广东省和平县三溪口村汇入九曲河，是为东江上游。堂屋后有后龙山，实际为一小土丘，可能系人工建造或改造而成，树木葱茏。堂前有开阔晒坪和形状不规则的水塘。

图 3-19　定南县老城镇水西村温屋鸟瞰

　　温屋祠堂分三进，前进为下厅，面阔达七间，明间、次间设凹入的门廊，其余为墙体，每间各开一窗，位置、比例均不合适，疑为后改。门廊设二柱，仅明间开门，有门墩石，无抱鼓。柱上内为三步梁，外为丁头栱式硬挑头，挑檐檩与檐檩间还加了一根檩条，做法十分随意，颇为奇特。门内的门厅本身实际上颇狭窄，仅一开间，山墙承檩，设两根甬柱立屏门。穿过屏门为一大天井，接近方形，卵石铺面，周围原可能为砖砌或卵石砌筑，现已覆盖水泥。天井两侧为完全开敞的廊庑，正面为三开间带前后廊的中厅，但不设金柱和前檐柱，自前廊柱架三步梁至内额上的蜀柱，再从该蜀柱上直接架九架梁至后檐柱，幸而跨度仅约 7 米。檩均为上下双檩，上层檩位于蜀柱顶，承椽；下层檩位于蜀柱与梁交接处，实际起拉结作用。中厅在江西大部分地区祠堂配置中均为享堂，但此中厅后檐柱间仅设屏门，无任何祭祀设施。过屏门是一个狭长卵石天井，两侧开敞，正面对上厅，实际仅一开间，但天井一侧仍设有两根廊柱，柱内侧出双步梁至内额上的蜀柱即告结束，上厅主体结构仍为山墙承檩，仅脊檩、金檩设双层檩（图3-20）。厅后墙设甬柱、神台。整个做法均自由随意。

图3-20 定南县老城镇水西村温屋上厅

两侧横屋均为带阁楼的长条建筑（图3-21），奇特之处在从上厅向下厅方向逐渐内收。南侧共排列五条，秩序尚严整。北侧共排列八条，内侧三条尚与南侧基本保持对称格局，外侧五条向外展开，与内侧三条形成接近30°角，型制十分混乱。横屋间均设狭长的卵石天井，有少数廊子连接（图3-22）。横屋与堂屋是齐檐的做法，现状有一侧横屋伸出是改建加建的结果。最令人称奇的是部分横屋端部还有炮楼（图

3-23），但整座建筑并不是围合森严的围屋，横屋与堂屋、横屋与横屋之间的通道都开有外门，甚至从没有完全相连的横屋与横屋、横屋与后枕屋之间也可以很容易地进入建筑（图3-24）。

图 3-21　定南县老城镇水西村温屋横屋

图 3-22　定南县老城镇水西村温屋横屋之间的天街

图 3-23　定南县老城镇水西村温屋横屋端部的炮楼

图 3-24　定南县老城镇水西村温屋后枕屋之间的出入口

　　第一道后枕屋呈弧形，其前方场地也较建筑入口处抬高了近 2 米（图 3-25），与堂屋的关系接近于围垅屋的组织方式。但此后的其余四道后枕屋均脱离此型制（图3-26），基本呈直线型布置，长短不一，最长的一道约长62米。

图 3-25 定南县老城镇水西村温屋弧形后枕屋

图 3-26 定南县老城镇水西村温屋后枕屋之间的通道

祠堂中张贴的家俗称，每逢春节前，此建筑正面的大小门和祠堂内外俱由当年添丁的宗亲负责洒扫干净，贴年画、对联，祭拜祖宗；春节后直至元宵节，则由头年新婚的宗亲负责打扫。春节至元宵节间还要组织打龙打狮活动。每隔三年要在冬至日举行大祭，包括所有外地的宗亲也要回来祭祖，亦由这三年间添丁的宗亲负责操办。

直到 20 世纪末，此建筑中还住有 80 余户，400 多人。温屋为土木结构，墙身砌体主要为土坯砖，原始建筑质量并不高，也不是文保单位，但温氏族人对其进行了很好的维护，又于 2008 年集资 50 多万元进行大修，目前建筑原状虽有所变更，总体保存状况较好。

4 九井十八厅

    "九井十八厅"是一种特殊的"横堂式"民居，各地称呼不一，经常也被称为"九厅十八井"。较之一般的"横堂式"民居，它通常规模较大，设二至三进厅堂，厅堂与横屋连接时加入了许多厅和洞水，所形成的天井数量大大超过一般的"横堂式"民居，建筑组合手法更接近于江西主流的天井式民居，从而形成了更为复杂的内部空间。它的建筑质量普遍较高，大量采用接近江西主流的木结构做法，大量使用格扇等复杂小木作，装饰丰富程度远远超过一般的"横堂式"民居。由此形成的实际上是一种高品质的"横堂式"居祀组合建筑，与天井或厅的实际数量无关。笔者在本书中将这类建筑统称为"九井十八厅"。

    从《瑞金密溪罗氏六修族谱》绘图中，可以获得"九井十八厅"与一般"横堂式"民居之差异的直观比较。予秉翁祠是一所普通的"横堂式"民居（图4-1），中央为带院门的单开间两进厅堂，两侧各有四至五条横屋；而用所公祠中央为宽阔得多的三开间带耳房两进厅堂（图4-2），两侧各仅有一至两条横屋。论总建筑面积，予秉翁祠说不定还在用所公祠之上，但论到建筑的质量和空间的复杂程度，则用所公祠显然远在予秉翁祠之上，因此用所公祠是一座"九井十八厅"。

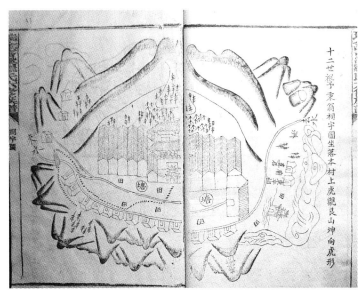

图4-1　予秉翁祠
（图片来源：《瑞金密溪罗氏六修族谱》）

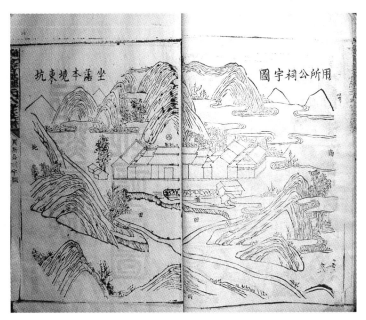

图4-2　用所公祠
（图片来源：《瑞金密溪罗氏六修族谱》）

　　客家人的"厅"实际上包括三种：第一种为"厅下"，也写作"厅厦"，意思是"族祠"，经常是独立建造的，方便一族人同时使用，也有与住宅组合建造的情况。第二种为"廊厦",即家祠、房祠,房祠可以独立建造,亦可与住宅组合建造,而家祠则多与住宅组合建造。第三种为"私厅",即家庭住宅中的客厅,相当于起居室,可以是居室的一部分,也可以用一间房间专门承担此功能。一座大型住宅一般最多也只包含三种类型的厅,而为附会"九井十八厅",而设置的"花厅"、"子厅"之类,实际都是建筑中的过渡空间。

总体而言,"厅"的数量越多,说明生活的秩序感、仪式化程度越高,必定是地位和财富的体现。会昌县麻州镇湘江村邹氏厅厦是一座二堂二横的建筑,在居祀组合的客家民居中论规模只能称为小型,却被当地居民称为"九井十八厅",正是因为其规模虽小但建筑质量高,连横屋都大量使用砖墙砌筑,只在约2米以上标高才使用了土坯砖。因此,"九井十八厅"实际所指的就是规模大、质量高的建筑。

有趣的是,黄浩先生将江西民居的一般特征总结为"天井式民居",但江西多数地方的居民在描述一所大宅时经常说的是房间数量多,例如"九十九间屋"之类。万幼楠先生特别指出江西的客家民居不是江西主流的"天井式民居",但在客家人聚居地,他们描述一所大宅时经常说的是天井多、厅多。领我们去看大宅的居民都会说,这屋有多少个天井多少间厅,或者是"真正的九井十八厅"。他们用"井"和"厅"的数量,而不是房间数量来衡量建筑的规模。

"九井十八厅"的分布与山区河流的流域具有某种相关性,同一流域中的建筑空间组织、技术特征均有更多的相似性,同时又更多地汲取了相邻地区江西主流民居建筑的技术与艺术特征。以下将分流域叙述。

4.1 贡水流域"九井十八厅"

1. 石城县小松镇半亩山庄

石城县小松镇的半亩山庄濒临贡水干流上游琴江的一条支流石田河,建筑坐西南朝东北,墙砖上刻有"咸丰二年"(1862年)、"郑祥臻造"

的字样（图 4-3）。主体建筑前有与建筑同宽的晒坪（即前院，又称晒坪、院坪、晒场），深约 12.5 米。院门朝向东南方，此方向七八百米之内有横向展开、形如笔架的案山。院门为四柱三间牌坊结合照墙形式，是整座建筑形象的焦点（图 4-4）。而建筑大门十分低调，只有简朴石门框，门上镶嵌着红石门匾"半亩山庄"（图 4-5）。

图 4-3　石城县小松镇半亩山庄铭文砖

图 4-4　石城县小松镇半亩山庄院门

图 4-5 石城县小松镇半亩山庄正面外观

其入口处空间只能达到"门廊"的尺度,而无法达到"厅"的尺度,因此可以认为是一座有前院的二堂四横建筑。该建筑只在横屋朝向与堂屋之间巷道的一侧、离地一米左右以上墙体采用了夯土墙,其余部分均为砖墙。堂屋五间二进,总面阔约 19 米,通进深约 24 米,山墙为马头墙,下厅为穿斗式木构架,有墨绘花纹装饰;上厅为山墙承檩,山墙室内有墨绘木结构图案装饰。上、下厅之间有三个天井,中部天井与两侧天井之间有木格扇分隔(图 4-6)。堂屋与横屋的二层部分均设吊楼连通,楼梯设于横屋与堂屋之间巷道的尽端,每侧横屋与堂屋之间各有两个天井(图 4-7),部分横屋已拆除。

2. 石城县琴江镇沙塅村河背培基大屋

石城县琴江镇沙塅村河背培基大屋是一座三堂四横的建筑,亦邻近贡水干流上游琴江,在小松镇下游方向,直线距离仅约 12.5 公里。建筑与半亩山庄有相似的布局方式,而且也有准确的纪年与建造者姓名,系由该村陈氏家族于清同治五年(1866 年)所建。砖木结构,坐西北朝东南,占地面积约 2000 平方米,建筑面积约 4000 平方米,整座建筑从奠基到竣工长达 5 年之久(图 4-8)。

图 4-6 石城县小松镇半亩山庄上、下厅之间的侧天井

图 4-7 石城县小松镇半亩山庄横屋天井

图4-8　石城县琴江镇沙塅村河背培基大屋正面外观

（图片来源：《沙塅河背村传统村落登记表》）

　　建筑前有宽同建筑、深约 7.6 米的晒坪，院门位于东、西二侧。堂屋部分总面阔约 21 米，五间三进。厅实际仅一间，两侧的次间、稍间也被组合成横屋式样（图 4-9）。下厅与中厅之间形成一个较开阔的庭院，面宽约 6.5 米，进深约 5 米。为附会"九井十八厅"理论，此庭院被称之为"大明井"（图 4-10），下厅和"大明井"两侧的房间都被称作"对厅"。此下厅起着分割祭祀空间和居住空间、公共空间和私密空间的作用。上厅与中厅之间有一过渡空间，可以通往两侧横屋。堂屋的第二、三进均为五间，但只有明间为厅，其余均为房间。上厅部分进深约 7 米，上厅有匾曰"明远堂"。上厅与下厅之间运用赣中天井式住宅的设计手法，两侧加入墙体围合形成三个天井。

　　两侧横屋间进深约 7 米，每间面宽约 3.5 米，横屋与横屋连接处以及横屋与堂屋出入口连接处均覆盖屋顶，其余部分则形成天井（图 4-11）。外侧的两条横屋各设有一个小厅，按其方位，分别称为东小厅和西小厅。这样整座建筑形成十六个天井、九个厅堂。横屋里还设有四间厨房，二层设有走马吊楼贯通整座建筑的楼层部分。整个空间组织层次分明、尊卑有序，体现了有地位的大家庭的生活秩序，有中原府第之风。

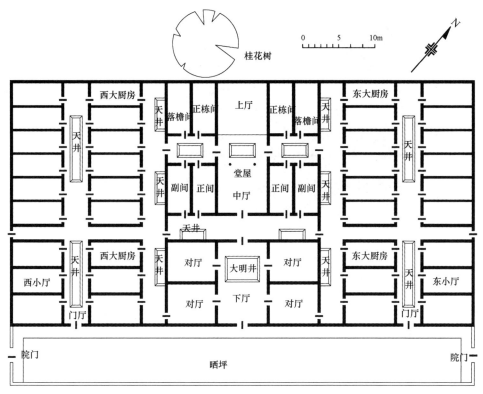

图 4-9　石城县琴江镇沙墩村河背培基大屋平面
（图片来源：据沙墩河背村传统村落登记表重绘）

图 4-10　石城县琴江镇沙墩村河背培基大屋"大明井"
（图片来源：沙墩河背村传统村落登记表）

图 4-11　石城县琴江镇沙塅村河背培基大屋横屋天井
（图片来源：沙塅河背村传统村落登记表）

　　堂屋与横屋采用齐檐的做法，整个平面轮廓呈总面宽约 65 米、总进深约 32 米的长方形。建筑造型上也采用了"横堂式"建筑中的高标准，即堂屋入口采用三间四柱牌坊式门（图 4-12），堂屋两侧的次间、稍间和横屋山墙全部为马头墙，这样形成牌坊式大门居中，两侧各三组马头墙耸峙，构成颇有气势的形象。屋后植有桂花树一株，系珍稀树种，于培基大屋开基前栽种，有近 200 年历史。树冠直经约 8 米，花期长达数月。

图 4-12　石城县琴江镇沙塅村河背培基大屋堂屋入口
（图片来源：沙塅河背村传统村落登记表）

该建筑石刻、木雕等细部都十分讲究，如双喜石窗、扇形石窗、藻井格扇的木雕等（图4-13），形式均与江西中部"庐陵文化"代表地区的吉安民居有相似之处。

图 4-13　石城县琴江镇沙塅村河背培基大屋外墙细部
（图片来源：沙塅河背村传统村落登记表）

3. 宁都县田埠乡东龙村"东里一望"大屋

　　东龙村在小松镇西面，直线距离不足5公里，自古来往密切，但已属于贡水支流梅江水系。"东里一望"大屋位于东龙村东端，与村落主体分离。造主系当地士绅李光恕。据李氏家谱记载，李光恕，生康熙己丑（1709年），殁乾隆戊戌（1778年），字仁方，贡生，当地人称仁方公。据《道光宁都州志》记载，因其孙李崇清曾任布政司经历，赃赠儒林郎。李氏家族于宋代迁居此地（图4-14）。

　　整座大屋坐南朝北，前有水塘，入口朝向东北。此大屋实际上由三组建筑组成，总占地面积约4300平方米。中间为一座三进带东西跨院的天井式大宅，为整个建筑群的主体。在这个主体的东西两侧，各有一座附属建筑，每座都以一个狭长庭院为中心，分别称"东圃"、

"西圃"。围墙和水体把三组建筑连为一体,形成有效的围合。南面背靠山丘,围墙长达 50 余米,高约 7 米,防卫性颇为可观(图 4-15)。

图 4-14 宁都县田埠乡东龙村东里一望外观

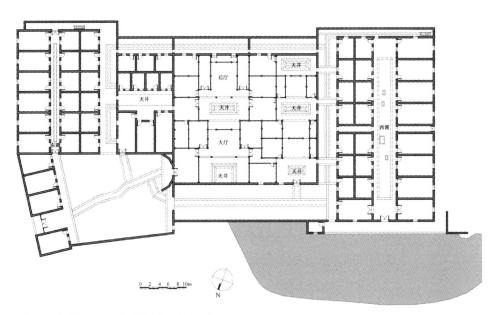

图 4-15 宁都县田埠乡东龙村东里一望平面

主宅为将主入口转至东北角，进行了煞费苦心的设计。从东北角上的大门进入宽大的晒坪，左边以檐廊引向"西围"入口；对面是主宅主入口（图4-16），为一座砖砌三间四柱牌坊式门楼；主宅主入口旁边是一座尺度小很多的门屋，引入一个东西狭长的庭院，通往"东围"。主宅主入口内为门厅，穿过门厅为一天井，在此处转为南北向的主宅中路轴线，设天井分隔的中厅和上厅。西跨院为次要居住部分，规制、做法和中路类似，唯尺度稍逊。东跨院仅有一个天井，为服务部分。"东围"、"西围"均为横屋，二层围屋形式。

图4-16　宁都县田埠乡东龙村东里一望主宅入口

　　建筑做工用材均比一般"横堂式"建筑讲究很多。主宅和横屋的主体部分基本是木构架，上厅为三开间，明间用抬梁式结构，出挑大量使用鳌鱼形丁头拱（图4-17）。主宅墙体大部分为清水青砖墙，外墙檐口以下全部眠砌，檐口以上的马头部分才使用空斗墙砌筑，是非常奢侈的做法。横屋墙体也以砖墙为主，仅局部使用土坯墙（图4-18）。内部大量使用槅扇、板壁和粉壁，做工均颇细致。围墙则为乱石基础，上砌空斗墙。

图 4-17 宁都县田埠乡东龙村东里一望上厅

图 4-18 宁都县田埠乡东龙村东里一望横屋天井

4. 瑞金市壬田镇凤岗村钟唐裔公祠

瑞金市壬田镇凤岗村位于贡水的另一条重要支流绵江上游盆地。钟唐裔公祠是一座三堂八横的超大建筑（图4-19），坐西北朝东南，建于清雍正年间（1723—1735年），在其完整时通面宽近140米，屋前晒坪宽约50米，深约18米，晒坪前为半月形池塘。现横屋已不完整（图4-20）。

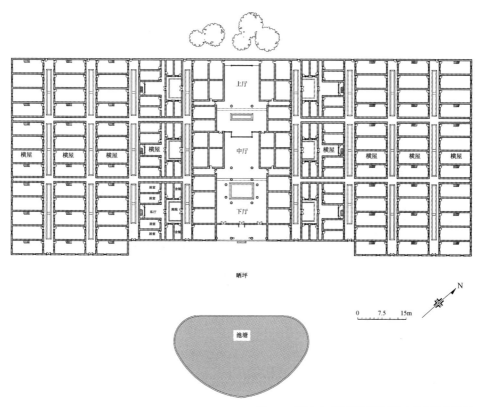

图 4-19　瑞金市壬田镇凤岗村钟唐裔公祠总平面

钟唐裔公祠堂屋保存基本完好，是客家地区罕见的大祠堂。五间三进，通面宽约27米，通进深约56米。正中主入口为近20米宽的三开间门廊，明间宽约7米，次间宽约6米，进深约5米，檐口高约4.8米，尺度极为开阔，是乡村环境中罕见的超大尺度门廊（图4-21），当地居民称之为"午朝门"，意指该门气派之慑人可与皇宫相比。门廊梁柱均为茁壮圆料，柱头上出两跳丁头栱承挑檐檩，内为船篷轩顶。

图 4-20　瑞金市壬田镇凤岗村钟唐裔公祠外观

（图片来源：凤岗村传统村落登记表）

图 4-21　瑞金市壬田镇凤岗村钟唐裔公祠祠堂入口

（图片来源：凤岗村传统村落登记表）

　　下厅进深约 12.3 米，分心斗底槽，前部即门廊，中设门扇，后为面对前天井的开敞门厅。前后均设五架梁明栿，满铺望板顶棚，内部草架情况不详。中厅为与门廊同宽的三开间大厅，前天井尺度一般，但两厢深度达到约 5.5 米，中厅加上前后廊的进深接近 19 米，均为远超一般客家祠堂的巨大尺度（图 4-22）。上厅部分按客家传统做法，祖厅祭祀部分为一间，祖厅左右房间封闭。上厅前设一对廊柱，梁只架到大内额，上厅主体本身仍为穿斗式木结构（图 4-23），与普通客家祠堂做法相同。但其开间超过 6 米，最大净高超过 8 米，均为大大超过普通客家祠堂的尺度，被当地居民称为"五凤楼"。

图 4-22　瑞金市壬田镇凤岗村钟唐裔公祠祠堂内景
（图片来源：凤岗村传统村落登记表）

图 4-23　瑞金市壬田镇凤岗村钟唐裔公祠上厅
（图片来源：凤岗村传统村落登记表）

主入口左右还设有"副厅",实为第一道横屋与堂屋之间巷道的开口,也做成三间四柱牌坊门式样,青石门仪,门楣满雕八仙过海高浮雕开光,两端为精美的缠枝图案。堂屋山墙为马头墙,堂屋左右第一道横屋山墙亦为马头墙,其余横屋为悬山顶。上述这些元素形成了主次分明的正立面。

建筑大量使用石构件和石雕,除"副厅"外,所有柱础、石窗、石门框等处的石刻都极其精美,门廊中的石狮和抱鼓石亦均为原物。

5. 会昌县文武坝镇邹屋

会昌县文武坝镇位于绵江下游左岸,距壬田镇约 60 公里。邹屋面朝绵江方向,坐东南朝西北,背枕一小山丘(图 4-24)。1933 年 8 月,中华苏维埃政府决定成立粤赣省,此后粤赣省军区、粤赣省委、粤赣省苏维埃政府都曾在此建筑内办公。1934 年 4 月下旬,在第五次反"围剿"极其困难的时刻,毛泽东同志从中华苏维埃政府所在地瑞金来到粤赣省视察,亦下榻于此,历时三个月之久,其间曾登上会昌城外的岚山岭,之后返回邹屋,写下了著名的《清平乐·会昌》。

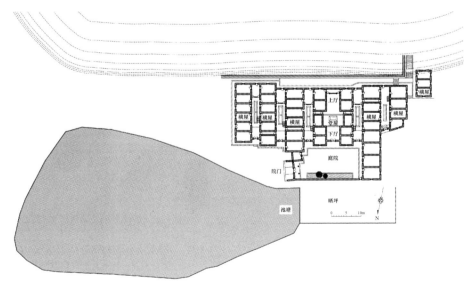

图 4-24　会昌县文武坝镇邹屋总平面

该建筑布局为不对称布局，是一座二堂五横建筑（图 4-25）。院门朝东北，院门外约 20 米有一池塘。东侧设三道横屋，西侧仅有两道，但西侧第一道横屋较堂屋伸出约 10 米，从而与院墙、院门一起围合形成晒坪，而堂屋东侧的第一道横屋则仅伸出 2 米左右，另二道横屋则道层后退。这一布局并非场地条件限制，所以可能是为了平衡自然中的某些因素。该场地西边较东边略高，为一东西向的缓坡，建筑布局也从西到东逐渐错落，有利于减少西晒，更多引入自然通风。

图 4-25　会昌县文武坝镇邹屋

　　院门为三间四柱牌坊式大门（图 4-26），两端向前伸出约 2 米长的照墙，全为砖砌，但无雕饰，仅略作粉刷。内侧有雨棚，两柱搭一步架，两层硬挑头承挑檐檩，挑头之间以镂空回文托头连接，下层挑头下有几乎通长的镂空回文雀替，是整个建筑中最华丽的木结构。

　　屋为砖木结构，三间二进，总面阔约 14 米，通进深约 20 米。下厅进深约 8 米，上厅进深约 9 米，均为一开间，山墙承檩。总体而言十分朴素。

图 4-26　会昌县文武坝镇邹屋院门

　　横屋本身更为简单，每道进深约 7 米，每间大小相近，面积约 26 平方米。但横屋与祠堂、横屋与横屋之间的空间组织和连接是本建筑的精华（图 4-27）。

图 4-27　会昌县文武坝镇邹屋横屋天井

横屋与祠堂间两侧均设天井，建筑正面一侧略向内凹设墙开门，有精致木门仪和木门簪，但无雕刻。内部三面有楼，仅祠堂一侧为光墙，开少量门窗。朝向外门一侧底层开敞，横屋一侧为出挑的吊楼，以丁头拱式挑梁承托，对门一侧为落地的楼房，但底层仅以大面积直棂窗分隔，两侧开门洞，内部实际为一个过厅，还开有小门直接对外。在祠堂一侧靠墙设直跑木楼梯上楼，坡度约 40%，无栏杆扶手。天井周围一面为大面积实墙，三面为大面积木作，天井本身则为条石镶边，侧面、底面和周围地面均为砖铺砌。实墙、木材和砖石地面形成丰富的色彩、材质对比，空间组成亦十分丰富（图 4-28）。

图 4-28　会昌县文武坝镇邹屋堂屋横屋与横屋之间的天井

　　横屋与横屋之间的天井亦向外开门，但内凹的尺寸大大超过横屋与祠堂间的天井，以显示主次有序。内部靠横屋的两侧均以实墙面为主，朝向外门一侧搭雨披，对门一侧为架空的楼，但楼上向天井开敞，实际为楼上的过厅。靠墙设直跑木楼梯。天井宽度亦小于横屋与祠堂间的天井，天井和地面几乎全为砖铺砌，仅天井短边嵌有一块条石。虽然做法比横屋与祠堂间的天井简陋许多，仍有足够丰富的空间和材质变化。

此建筑规模有限，做法实际上十分简单，但组合得宜，是一个精心的设计。

4.2　章水流域"九井十八厅"

1. 崇义县古亭镇邱福隆大屋

崇义县古亭镇位于县境西部与湖南接壤处，上犹江干流上游（又称古亭水、大江）右岸弯曲地段。上犹江发源于湖南汝城县境内深丘地区，流经崇义、上犹，至南康区三江口汇入章水。明代曾在此建古亭隘，直至清代渐成集市。老街桥头曾筑有一座古亭，因名古亭圩。崇义县以木、竹业、纸业为大宗的商品经济在道光年间（1821—1850年）得到很大发展，而古亭一向为竹木排筏流放主道，因而逐渐繁荣。清光绪年间（1875—1908年），邱氏从古亭圩迁至东面山丘下定居。1906年建成邱福隆大屋，两年后被大水冲毁，于是改用石灰砂浆砌筑石墙，终于使大屋保存至今（图4-29）。

图 4-29　崇义县古亭镇邱福隆大屋俯视

邱福隆大屋二堂三横，通面宽约40米，通进深约24米。坐西南朝东北，建筑前有晒坪，深约12米，卵石铺地。院门朝东，晒坪前有半园形水池（图4-30）。堂屋总面宽约10米，进深与通进深相同，为章水流域特点。祠堂为砖木结构，下厅有木屏门，上厅后有后天井，二厅之间天井为石砌土型天井。横屋进深约7米，横屋与堂屋之间的通道入口处设门厅，目前为住户起居室。堂屋山墙为马头墙，左、右第一道横屋为歇山顶，第二道则为悬山顶，第一道横屋加入堂屋塑造对堂屋的拱卫、烘托，下厅与横屋门厅入口上方有门榜，中部为"邱福隆"，两侧为"翔龙"和"骞凤"。而其余横屋为悬山顶，以形成主次有序的形式感，是这类建筑常用的设计手法（图4-31）。

图4-30 崇义县古亭镇邱福隆大屋鸟瞰

图4-31　崇义县古亭镇邱福隆大屋正面外观

由于此建筑位于集镇边缘，没有像大多数大屋那样空置现象严重。今天二侧横屋均有人居住，但住户生活一直不顺。在生活波折中，他们先是修改了院门位置，最近又将屋门改歪。

2. 上犹县平富乡上寨村余湾子辛山乙、石桥屋

1931年，红军曾在上犹县平富乡上寨村设置过兵工厂，留下一批革命遗址。兵工厂主要建筑位于上犹江另一源头营前河上寨村余湾子，据《余氏族谱》记载，清康熙年间余元彬从崇义县迁此定居，至道光年间余氏改河道建房屋，因而更名为"余湾子"。

余湾子村由一系列横屋、堂屋组合式建筑组成，大小不等，辛山乙、石桥屋是其中规模最大、保存最好的两座（图4-32），隔一条山溪毗邻而建，轴线约呈75°相交，最近距离约13米。山溪经过渠化处理，砌有驳岸，当系余氏改造而成。

图 4-32　上犹县平富乡上寨村余湾子辛山乙、石桥屋鸟瞰

　　辛山乙位于石桥屋南面（图 4-33），二堂四横，坐西朝东，通面宽约 50 米，通进深约 20 米。建筑前晒坪深约 7 米，坪前有照墙，照墙前有旗杆石两对，院门位于北端，在照墙之外建了一座一开间门屋，向南开门，入门屋左转进入晒坪。

图 4-33　上犹县平富乡上寨村余湾子辛山乙正面外观

　　建筑组织极有特色。堂屋与横屋之间设"副厅"，横屋之间亦以房屋封闭，使得整个正面形成一个完整的整体，平面上完全对齐，所

有屋檐在平面上是一条直线拉通，立面上再分段处理，自中央向两侧逐渐降低。内侧横屋进深较大，山墙出露，悬山顶加披檐以与其他檐口保持一致，外侧屋角起翘，类似于歇山顶做法。外侧横屋进深较小，不在正面出露山墙，而是在侧面将檐口一直拉到正面端部形成长披檐，屋角亦起翘。通过屋顶的纵横高低组织，形成丰富的屋顶肌理，是当地显著的地方特征。

堂屋和副厅正面略有凹凸变化。堂屋三开间，明间略凹入，副厅亦略凹入。所有凹凸转角处均加一根木柱，柱顶架阑额，但实际上并没有多少结构意义，挑檐檩主要靠墙体上挑出的挑头承托。

下厅一开间，有楼，厅后设屏门。天井较狭长，青石镶边，其余为砖铺砌。上厅亦仅一开间，朝向天井一侧亦在转角处加木柱承托阑额，内部为满铺的船篷轩顶（图4-34）。天井两厢在上厅一侧设腋廊，其余部分设六扇直棂槅扇，仅绦环板稍作雕饰，朴素大方。地面俱方砖铺地。

图4-34 上犹县平富乡上寨村余湾子辛山乙上厅

两侧天井均较狭长，楼梯均设在天井中，由于横屋长度与堂屋进深一致，所以堂屋与横屋之间并无一般类似建筑的狭长过道，尺度接近天井式住宅（图4-35）。地面为条砖铺地，窗均为直棂窗。空间虽有变化，但较为拥挤，不如会昌县文武坝镇邹屋组织得宜。

图4-35 上犹县平富乡上寨村余湾子辛山乙横屋天井

石桥屋位于辛山乙北面，二堂三横，坐东北朝西南，通面宽约40米，通进深约14.5米。建筑前即为渠化的山溪，从辛山乙院墙后架一座石桥跨溪而过，因此晒坪极狭窄。建筑布局特征和结构装饰均与辛山乙接近，但东侧仅有一道横屋，规模稍小。屋面、檐口组织方式与辛山乙相同，亦形成错综复杂的屋顶肌理。正面除门厅外亦设副厅，但两侧第一道横屋端部各开有一个砖拱门，为特制的带凹凸线脚的扇形砖砌筑而成。堂屋下厅有木屏门，地面为磨砖地面，两厢设回纹槅扇（图4-36）。

图 4-36　上犹县平富乡上寨村余湾子石桥屋天井

4.3　东江上游地区"九井十八厅"

1. 寻乌县澄江镇周田村"下田塘湾"大屋

　　寻乌县澄江镇周田村地处江西与广东、福建交界处的山区，邻近东江上游干流寻乌水，不属江西流域。村庄与广东的平远县差干镇烽岭牌村和福建的武平县东留乡龙溪村都是一山之隔，村中有古驿道通往广东、福建。借此便利，清初就有村民开始做"盐米"生意，逐渐成了闽粤赣边境盐米集结地之一。王氏家族于元代从福建迁至澄江，其中一支于明代后期从澄江迁至周田定居。王氏后人王周崧在此项生意中发了家，大约于乾隆、嘉庆之际率先在周田村筑起了三座豪宅，传说其中只有一座是真正住宅，另两座均为藏宝宅。之后，其子及村中其他富户继续仿效，先后盖起了十八座大宅，以显示家族兴旺。当地俗语说，"项山的糯，三标的货，周田的屋，长畲的谷"。

目前周田村规模最大、保存状况最好的建筑为王周崧之子王巨楫所建的"下田塘湾"大屋。据王氏族谱载,建造者王巨楫,字世钦,号济川,有秀才功名。下田塘湾大屋始建于嘉庆十九年(1814 年),嘉庆二十二年(1817 年)完工,建造了三年之久(图 4-37)。

图 4-37 寻乌县澄江镇周田村"下田塘湾"大屋鸟瞰

在此之前,王巨楫已经于嘉庆十八年(1813 年)建成了"上田塘湾"大屋(图 4-38),它占地 900 多平方米,为一座二堂二横式的建筑(图 4-39),虽然规模不大,但十分精致,入口额枋上、檐下天花上均满布彩画。檐下的挑两层挑手木及挑手木间的托头均密布雕饰,底部还有鳌鱼雀替承托。堂屋入口大门上方有精美石雕及石刻门榜"巨绍槐庭"(图 4-40)。下厅设屏门,屏门上也有彩画装饰,上厅为抬梁式木结构,天花有彩绘(图 4-41)。传说"上田塘湾"大屋竣工落成后,王巨楫大宴宾客,其中有一位是剑溪人刘元丞,他当年建造了一座"四角围"。他对王巨楫说:"你虽然很有钱,但办喜事时连放把伞的地方都没有。"意思是房子还是太小。王巨楫听后,下决心造一座更大、更好的大屋,尽管他当年已经六十多岁了。第二年他在"上田塘湾"大屋南侧开始

建造"下田塘湾"大屋,规模最终达到"上田塘湾"大屋的两倍多(图
4-42)。

图4-38 寻乌县澄江镇周田村"上田塘湾"大屋鸟瞰

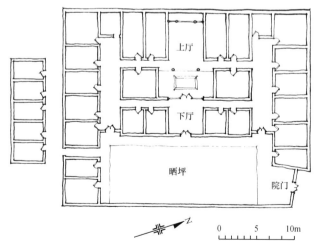

图4-39 寻乌县澄江镇周田村"上田塘湾"大屋平面图

图 4-40　寻乌县澄江镇周田村"上田塘湾"大屋堂屋入口

图 4-41　寻乌县澄江镇周田村"上田塘湾"大屋上厅

图 4-42　寻乌县澄江镇周田村"上田塘湾"、"下田塘湾"大屋鸟瞰

　　"下田塘湾"大屋位于缓坡地上，坐西朝东略偏北，背靠山丘，面对寻乌水的一条小支流周田河，由三堂三横一后枕屋组成，不对称配置，但组织十分合理。建筑通面宽约51米，通进深约56米。北侧仅一道横屋，向前伸出约6米，与院门连接。南侧有两道横屋，内侧一道与堂屋齐平，外侧一道向前伸出约8米，与北侧横屋一起围合晒坪，使晒坪尺度达到宽约37米、深约13米。坪前有照墙，高度不足2米。照墙外有长边约33米、短边约8米的长方形水池，形状可能经过当代改造（图4-43）。

　　院门在晒坪北端，开向东北，为砖砌牌坊式大门，共计五楼，但立柱不清晰（图4-44）。平面形状接近弧形，两侧各设两段照墙逐渐向内转折，形成八字模样。屋脊起镂空蝙蝠脊，中部有缠枝脊饰。内侧墙上雨棚出挑。

　　堂屋入口为四柱三间牌坊式大门，下部为红石勒脚，勒脚以上全为磨砖砌筑。明间檐下以17朵砖雕斗拱承托三层枭混线脚，斗拱

上雕刻各种动植物图案，每朵均不同。无上枋，下枋为 11 块方形砖
雕拼合而成，戏剧人物和动植物图案交替出现，中为嘉庆年间梅州进
士王利亨的题字"世德钦承"。下枋以下又有磨砖突起的月梁式阑额。
次间做法相对简单，亦有枭混线脚和阑额，但仅在枋心用砖雕拼合吉
祥图案。整个大门除屋脊、脊饰做法与院门相同外，其余均十分精致，
虽不规范，仍是江西客家地区罕见的砖雕作品（图 4-45）。

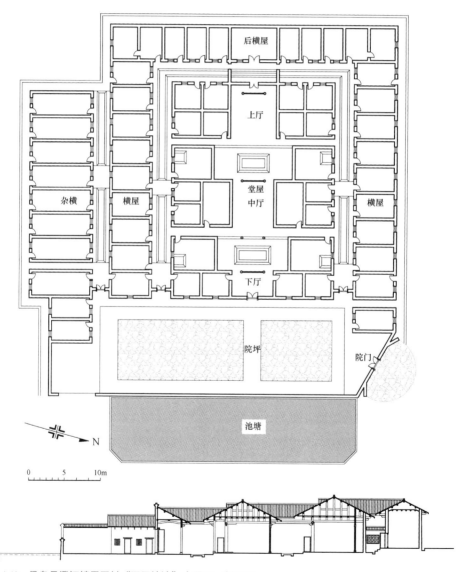

图 4-43　寻乌县澄江镇周田村"下田塘湾"大屋平、剖面图

图4-44　寻乌县澄江镇周田村"下田塘湾"大屋院门

图4-45　寻乌县澄江镇周田村"下田塘湾"大屋正面外观

堂屋五间三进，全为砖砌，总面宽约 24 米，总进深约 28 米。上中下三堂均仅一开间，其余均以墙体封闭成为房间。下厅很浅，仅两步架，设一对后檐柱，柱间开屏门。前天井全为大块条石砌筑，做工精致。中厅前立一对廊柱，八角勾栏柱础，雕刻精致，亦为江西客家地区少见。柱顶出两层挑头承挑檐檩，下层挑头下加镂空鳌鱼雀替，两层挑头间加镂空缠枝垫木。中厅内设大内额，上立蜀柱，自廊柱搭双步梁至大内额上蜀柱与侧墙之间的平盘斗上，大内额上蜀柱再架五架梁至后檐柱，做法复杂。自前廊至整个中厅满铺平板天花，地面为方砖铺地。后檐柱间设板壁，两侧开门。后天井做法可能和前天井类似，但现已加粉水泥砂浆，改变了原状。上厅无廊柱，直接从内额上架五架梁至后甬柱，顶棚亦满铺平板天花（图 4-46）。

图 4-46 寻乌县澄江镇周田村"下田塘湾"大屋上厅

横屋进深约 7 米，砖砌勒脚至约 1.3 米高，以上为土坯砖砌筑。侧天井均为河石砌筑，但做工精致，大块河石镶边，小块卵石铺地，砌筑质量很高(图 4-47)。堂屋朝向侧天井一面均在山墙上加通长披檐，使得侧天井两侧均有足够屋檐遮雨，既有效满足了侧天井的交通功能，又增加了空间的趣味性。后枕屋部分抬起约 0.6 米，形成建筑逐渐上升的趋势。

图 4-47　寻乌县澄江镇周田村"下田塘湾"大屋横屋天井

2. 寻乌县晨光镇司城村丰山里刘氏大屋

寻乌县晨光镇司城村丰山里位于寻乌水支流篁乡河附近，在周田镇下游方向，距离约 50 公里。清代中后期，刘善郎从广东龙川县迁至此地，其后人在此建起刘氏大屋。该建筑不见于任何记载，但在当地极有影响，当地居民向笔者竭力推荐，主动带路，称其为"真正的九井十八厅"。

刘氏大屋坐北朝南略偏西，三堂五横，晒坪深约 11 米，院外有开阔月池（图 4-48）。院门在西南角，是一座完整的一开间门屋，外为三间四柱牌坊式大门（图 4-49），与建筑同一朝向，内部转 90º 进入晒坪。门屋天花为长方形覆斗藻井，满布彩绘，中部龙纹，四周斜面绘制蝙蝠、松树等吉祥图案（图 4-50）。

图 4-48　寻乌县晨光镇司城村刘氏大屋鸟瞰

图 4-49　寻乌县晨光镇司城村刘氏大屋院门

图 4-50　寻乌县晨光镇司城村刘氏大屋门屋藻井

　　堂屋五间三进，通面阔约 22 米，通进深约 30 米。入口凹入设三
开间门廊（图 4-51），立一对石柱，额枋均为月梁形式，柱顶出两层
挑头，其间的垫木已遗失。明间额枋上浮雕福禄寿喜图案，云纹衬底，
次间额枋浮雕鹤鹿同春，挑头上浮雕植物图案。门廊天花为覆斗藻井，
四边斜面彩绘人物图像，均着宋代衣冠，内容不明。顶板为喜字图案，
版心为什锦图案。下厅有后廊，立一对石柱，正面设屏门，侧面开门。
中厅亦有一对石廊柱，设月梁式轩梁至大内额，支船篷轩顶。大内额
上架五架梁至中厅后甬柱，双层檩，下层檩亦为月梁式。无天花，细
椽上铺厚望板。后甬柱间亦设屏门（图 4-52）。上厅无廊柱，虽有大
额枋，但仅用于支承两厢挑檐檩。上厅后墙设三间四柱三楼牌楼式石
雕神龛，又大量使用墨绘。各厅均为方砖地面，天井为石砌，做工
甚精。

　　横屋部分为土木结构，室外为卵石铺地，室内为夯土地面，石砌
天井，条石镶边。堂屋与横屋、横屋与横屋之间有多处短廊连接（图
4-53），廊下设砖砌透空花格墙，将狭长天井分隔成多个段落，造成丰
富的空间层次感。该建筑现已无人居住，几近坍塌。

图 4-51　寻乌县晨光镇司城村刘氏大屋堂屋门廊

图 4-52　寻乌县晨光镇司城村刘氏大屋中厅

图 4-53 寻乌县晨光镇司城村刘氏大屋横屋之间短廊

4.4 赣中"九井十八厅"

1. 遂川县堆子前镇鄢背村黄氏正亮堂

　　鄢背村黄氏正亮堂坐落在罗霄山脉东麓的一个东西长南北短的小山谷中,一座热闹的山区市镇——遂川县堆子前镇的东南面(图 4-54)。清代这里开始设有圩场,农历每月逢二、五、八为圩日,清末搬迁至现址,始名集龙圩,但当地居民均通称为堆子前圩。今天镇区主体仍依托老圩镇。鄢背村就在堆子前镇的东南面三四百米处的田垅中。黄氏是来自湖南桂东县的移民,于明末迁居此地,人口日增,逐渐成为较大的村庄。

　　鄢溪从这个山谷中流过,在村东汇入大汾水。大汾水发源于桂东县山区,蜿蜒流到这里与鄢溪汇合,再向北约 500 米汇入遂川江上游干流右溪,至遂川县城汇合遂川江另一条主要支流左溪,至万安县城附近汇入赣江。大汾水因大汾镇而得名,亦为古老圩镇,在堆子前镇上游,直线距离约 13 公里。在大汾镇西北约 3.5 公里处的洛阳村也有一座大屋,系由自广东新宁迁来的彭氏家族建造(图4-55),迁入时间约为清代前期,建筑确切年代则不详。相传彭氏大屋建房升梁时,忽然飞来两只乌鸦落于梁上,当时称作"乌鸦落梁",后谐音成"乌鸦洛阳",因名洛阳村。

图4-54　遂川县堆子前镇鄢背村黄氏正亮堂东北面鸟瞰

图4-55　遂川县大汾镇洛阳村彭家大屋鸟瞰

黄氏正亮堂是黄义方、义言、义齐三兄弟在父亲的带领下，共同出资建造的大宅（图 4-56）。清乾隆五十九年（1794 年）开工，历时十二年，于嘉庆十一年（1806 年）竣工。建筑坐西南朝东北，与堆子前镇隔鄢溪相望。院门朝西北，朝向堆子前圩的靠山龙形山。正亮堂的后龙山气势雄浑，绵延不绝，建筑前有晒坪、月池，月池外边缘有弧形护墙。晒坪两侧建筑以园林建筑的设计手法，外设有透空花窗的围墙，一处题名为"兰亭"，一处题名为"桂室"。堂屋与横屋为齐檐做法，主体建筑平面外轮廓大致呈长方形，建筑前方约 600 米处是其案山。院门口有水井一口，供全宅用水。建筑及场地总占地面积 5000余平方米（图 4-57）。

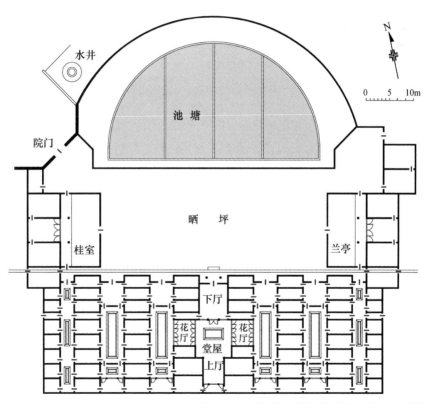

图 4-56　遂川县堆子前镇鄢背村黄氏正亮堂平面图

图 4-57　遂川县堆子前镇鄢背村黄氏正亮堂西南面鸟瞰

　　堂屋三间二进，总面阔约 16 米，总进深约 28 米（图 4-58）。入口门廊向内凹入一间，用二柱划分成三开间。下厅天花在前后檐侧局部采用卷轩做法（图 4-59），与额枋组合形成对下厅空间的一个限定，在额枋后约 0.4 米处设木屏门。穿过木屏门，是石砌土形天井，两厢有缠枝花纹的华丽格扇。上厅有满布彩绘与木雕的方形浅覆斗藻井，四边斜面为卷轩。后墙设有多组甬柱，中部一对甬柱间设神厨，开四扇喜字图案描金格扇；两侧加一对甬柱，但是向前突出约 0.6 米，设板壁，从而形成八字形空间；两端靠墙再设一对甬柱，完成板壁收头。由于繁简对比处理得当，精雕细绘的装饰没有一点浮夸的感觉，反而显得庄重大气。堂屋地面为磨砖铺砌。

　　横屋进深约 8 米。侧天井完全没有一般客家大宅的封闭和单调感，而是副厅、子厅与居室交错布局，厅门使用雕花格扇，墙壁开石雕花窗，居室则均采用单扇木门与直棂窗。厅堂的格扇、花窗与居室较封闭的外墙形成丰富的虚实对比变化，天井中有园林化的种植设计，让人宛如置身苏州园林（图 4-60）。黄氏正亮堂对横屋处理的讲究在江西客家大屋中是绝无仅有的。

图 4-58　遂川县堆子前镇鄢背村黄氏正亮堂堂屋入口

图 4-59　遂川县堆子前镇鄢背村黄氏正亮堂下厅天花

图 4-60　遂川县堆子前镇鄢背村黄氏正亮堂横屋天井

　　除了建造了这座二堂六横的正亮堂大屋外，黄家同时还在其东面
建造了一座四合中庭型建筑——燕山书院（图 4-61），供族中子弟读书。
江西古代文教发达，乡村书院甚多，但一般均为多进庭院天井式组合
布局，例如著名的乐安县流坑村文馆。但燕山书院的布局完全不同，
仍基于客家建筑传统，基于四合中庭型的空间形式建造，是其最大特
点。建筑局部二层，前有一长方形的小院（图 4-62），宽约 31 米，深
约 10 米，小院中曾设有泮池、院坪，两侧为马厩。建筑功能包括讲堂、
藏书楼和厢房，中轴线尽端为一座歇山顶的文昌阁，阁中央曾设圣人
孔子牌位。整个建筑包括前院占地面积不到 3000 平方米，型制布局
亦与一般书院完全不同，却仍具备古代书院建筑的基本要素，而且此

建筑木结构精致，彩画保存完好，是一份极有价值的遗产。这两座建筑都堪称代表当地传统建筑工艺和技术水平的典范，现均为省级文物保护单位。

图 4-61 遂川县堆子前镇鄢背村燕山书院鸟瞰

图 4-62 遂川县堆子前镇鄢背村燕山书院内院

2. 永丰县龙冈乡毛蓝村毛坪元善堂

毛坪元善堂位于永丰县龙冈乡毛蓝村毛坪的垄田山坪上。唐大和间，由毛姓建村。南宋绍兴间，甘姓由福建省迁入。后有罗、彭、李等姓聚居。毛坪元善堂系由当地罗氏家族建造，又名"罗家大屋"（图4-63）。始建于清乾隆四十九年（1784年），由富商罗仕元之子耗时6年建成。

图 4-63　永丰县龙冈乡毛蓝村毛坪元善堂外观
（图片来源：永丰县博物馆提供）

毛坪元善堂是一座三堂四横的大屋（图4-64），坐东向西略偏南，背靠山峦，面对一个小盆地。盆地中一条小溪蜿蜒北流，至大约4.5公里处汇入孤江干流，至吉安市青原区富滩镇汇入赣江。永丰县北部属恩江水系，南部则全属孤江水系，故北部地方建筑属于吉泰盆地庐陵民居主流，南部则成为客家建筑区域。

建筑前有院墙围合成略呈矩形的晒坪，没有将建筑正面完全围合，仅至内侧横屋山墙中部，宽约30米，深约12米。正面为牌坊式照墙。院门在晒坪最南端，向南开门，为四柱三间三楼牌坊式砖砌门楼，两侧向前伸出八字照墙，面宽12.8米，高8.1米，内有门屋一间（图4-65）。

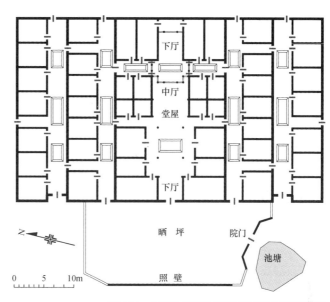

图 4-64　永丰县龙冈乡毛蓝村毛坪元善堂平面图
（图片来源：据永丰县博物馆提供资料重绘）

图 4-65　永丰县龙冈乡毛蓝村毛坪元善堂院门
（图片来源：永丰县博物馆提供）

　　整座建筑基本上是齐檐布局，各条边线几乎都是直线，仅正面横屋间出入口稍凹入。堂屋五间三进，总面宽 21.45 米，总进深 33.6 米。

堂屋入口为四柱三间牌坊式大门，磨砖对缝，砌筑十分工整，但雕刻极少，仅下枋和立柱周边有一圈线刻回文图案。两侧檐下均以砖雕斗拱承托，是较显著的雕饰。上中下三厅均仅一开间，其余各间均封闭成为房间。下厅进深约 9.6 米，大大超过赣南一般客家祠堂下厅深度。中厅后设屏门。后天井为一排三个，之间原有分隔，现已破坏。

横屋进深约 6 米，山墙均为马头墙，与堂屋檐口、山墙一起构成丰富的屋顶轮廓线。该建筑既是典型的客家建筑，又具有明显的江西主流建筑影响。

5 排屋堂屋组合式

　　排屋堂屋组合式（以下简称"排堂式"）即住宅与祠堂同一朝向，依祖堂两侧排成一字形，看似如军营阵列。这种"居""祀"组合方式在江西与广东交界处的几个县，如全南、定南、信丰、龙南，较为常见。这种组合方式较之牺牲居室朝向，只为拱卫祖堂的横屋堂屋组合式更为适合居住，也更适合在山区的台地中建设。

　　当地人常称长条一字形住宅为"排屋"，因此笔者将这种类型定义为排屋、堂屋组合式，堂屋即祠堂，排屋为住宅。在此种组合方式中，祠堂的位置各不相同，位于中部或端部的较多，而且祠堂前一般会有一个至少宽度等同于祠堂面宽的前场，或于祠堂轴线前方形成一仪式化的通道（图 5-1），也有如龙南县杨村镇新蔡村下莲塘蔡家大屋，于西北角设二进祠堂（图 5-2）。

　　排堂组合式现存实例较多，但大多集中在赣江上游贡水的重要支流桃江流域，另有部分在章水流域。

图 5-1　龙南县杨村镇甜井村徐家大屋

图 5-2　龙南县杨村镇新蔡村下莲塘蔡家大屋

5.1 桃江流域排屋堂屋组合式

1. 龙南县武当镇大坝村叶屋

龙南县武当镇大坝村是著名的围垅屋型围屋——田心围的所在地，濒临贡水支流桃江最大支流渥江源头，与广东省和平县浰源镇仅一山之隔，但山那边已是东江支流浰江的源头。当地开基祖叶本三于明代中后期从和平县七娘磜迁入此处建村。在田心围前方的左右两侧各有一座"排堂式"大屋（图5-3），其坐向也与田心围一致，均坐西北朝东南，北侧的大屋六排二横屋（图5-4），南侧大屋为四排二横屋（图5-5），祖厅均位于倒数第二道排屋内。两座大屋的总面宽均约为43米，南侧的一座总进深约35米，北侧的一座总进深约60米，排屋进深均约8米，建筑间距有大有小，在1.5米至2.5米之间。

图5-3 龙南县武当镇大坝村田心围前方的两座叶屋

这两座建筑无论从空间组织到建筑外观，都有排堂式大屋向围屋转化的趋势。但两座建筑均有秩序而不封闭，没有森严的围门，可以很方便地从建筑之间的间隙出入。其中南侧的一座，由于当代居民觉得使用不便，在第一排排屋与两侧的横屋之间加建了门屋。

图 5-4 龙南县武当镇大坝村北侧叶屋

图 5-5 龙南县武当镇大坝村南侧叶屋

2. 全南县木金乡中院村 56 号黄屋

木金乡中院村位于全南县城东北方向 3 公里的山谷排田中，邻近贡水支流桃江上游。据当地《黄氏族谱》记载，黄氏于北宋天圣三年（1025 年）从福建瓦子街（今武平）迁此落户定居。中院村 56 号黄屋坐东北朝西南（图 5-6），门屋朝东南。六道排屋如兵营一般整齐排列，排屋为 2 层，进深约 8 米，排屋之间的间距约 2.5 米。前三道排屋中部断开，形成一通道，后三道排屋中部仍断开，但屋顶相连，形成三进祠堂，只在表达祠堂部分空间时，屋顶略比两侧升高，尽端为祖厅（图 5-7）。六道排屋的两侧有二道横屋围合，门屋位于东侧横屋中部，朝向折向东南。该建筑南部已不完整，无法判断原状。

图 5-6　全南县木金乡中院村 56 号黄屋

图 5-7　全南县木金乡中院村 56 号黄屋祖厅

3. 龙南县里仁镇新友村杨屋

　　杨屋位于龙南县里仁镇新友村的田畈中央，濒临桃江重要支流濂江。当地开基祖杨南礼清初从广东省和平县迁入此处定居，村名始为"塘寮"，即池塘边的小茅屋，后来建筑渐成规模，也就废弃了这个名字。这里的排屋组织方式最为特别，排屋与祖堂围绕着池塘呈大的弧形排列（图5-8、图5-9）。

图5-8　龙南县里仁镇新友村杨屋总平面
（图片来源：据谷歌地球重绘）

图5-9　龙南县里仁镇新友村杨屋鸟瞰

4. 全南县雅溪村雅凤陈氏宗祠

全南县龙源坝镇雅溪村位于县域西端的山区，与广东省始兴县一山之隔，山东属江西的贡水流域，山西属广东的北江流域。陈氏于清嘉庆八年（1830年）从本地上呈迁入此地建村，据《雅溪陈氏六修族谱》记载，陈氏祖居应天府江宁县，因战乱避居江西全南县。

桃江支流雅溪河水流经村前，村落枕山形如凤凰，得名"雅凤"。雅凤陈氏宗祠坐东北朝西南，族人住宅也与之同一朝向簇拥排列（图5-10），宗祠面宽约12米，三进，有门屋前院。族人住宅从四扇三间到上五下五，依各人家庭规模及经济状况自定，但都与祖堂各进呈同一朝向排列，墙相连，屋顶相交，从祖堂侧门能直接进入建筑之间的横向通道，祖堂甚至可以作一个纵向的联系通道。整个建筑面宽百余米，开有三个出入口进入内部，总进深约50米。东侧边缘有围墙封闭，有院门一座，西侧边缘以建筑封闭。内部室外通道均卵石铺地。组织方式既独立，又密切关联；既像一座建筑，又像一个建筑群。

图 5-10　全南县雅溪村雅凤陈氏宗祠鸟瞰

雅凤陈氏宗祠实为龙源坝镇陈氏家族的一分祠，约初建于清朝晚期，1912年维修过。砖木结构。入口门屋有三间门廊（图5-11），廊柱上有对联："祖德惠贤村人文蔚起，高堂凝瑞气福景永存"。经过门屋来到一个开敞的庭院，前方便是面阔三间的宗祠门廊。门廊墙壁上写有《新赣南家训》，"东方发白，大家起床，洗脸刷牙，打扫厅房。天天运动，身体健康，内外清洁，整齐大方。时间宝贵，工作紧张，休息睡觉，反省思量，吃饭吃粥，种田艰难不忘；穿衣穿鞋，要以辛苦着想……"1942年8月13日，蒋经国在《正气日报》公布了《新赣南家训》后，当地乡绅将此文告用笔墨书在雅凤陈氏祠堂的右侧墙上，至今仍清晰可辨。祠堂天井为河石砌，条石镶边。中厅为抬梁式木结构，有木屏门（图5-12）。上厅一间，廊柱上出三挑斗拱承托出檐。

图5-11 全南县雅溪村雅凤陈氏宗祠入口

宗祠西侧的一组建筑"承庆堂"为雅凤村财主陈先学建于清光绪年间（图5-13）。陈先学育有四子，所以他建房"五横"（即五道排屋），计划给每个儿子一横（即一道排屋），最后一横做家祠（图5-14），由于前四道排屋中部开有一通道（图5-15），通往尽端的家祠，实际上每个儿子得到前后排列的两个半道排屋，围合形成天井院居住。他们的住宅看似二进天井式民居，实则来自与天井式住宅完全不同的建造逻辑（图5-16）。

图 5-12　全南县雅溪村雅凤陈氏宗祠祠堂内景

图 5-13　全南县雅溪村雅凤陈氏宗祠"承庆堂"入口

图 5-14　全南县雅溪村雅凤陈氏宗祠"承庆堂"现状鸟瞰

图 5-15　全南县雅溪村雅凤陈氏宗祠"承庆堂"中部通道

图 5-16　全南县雅溪村雅凤陈氏宗祠"承庆堂"住宅侧门

　　承庆堂砖木结构，屋角有炮角，入口有三间门廊。檐下有挑檐枋、垂莲柱承托屋檐，做法古朴。室内磨砖地面，室外地面卵石铺砌。家祠曾有门匾"风追花萼"，其含意为花的萼蒂两相依，有保护花瓣的作用，古人常用"花萼"比喻兄弟友爱，表达了承庆堂主人陈先学对四个儿子的期望，希望他们相亲相爱，相互扶持。

5. 全南县中兴地村和顺堂

　　中兴地村位于全南县城东北面的田垅中，濒临桃江，与县城一山之隔。温氏于明末由龙南迁到此处，其中的一支于民国二十七年（1938年）分居迁到中兴地建村，因此中兴地和顺堂的建造时间应为民国中后期。整座建筑群规模十分庞大，早已超过单体的尺度和概念。到20世纪末还有60余户、370多人在此居住（图5-17）。

图 5-17 已拆除了约三分之一的全南中兴地村和顺堂鸟瞰

和顺堂坐东北朝西南，祠堂三间三进（图 5-18），并不是独立建造的，其三进的屋顶分别与两侧排屋相连，尺度也一致，只是高度略有提高。祠堂也没有位于整个建筑组群的几何中心，而是位于整个面宽的三分之一处，祠堂前有一条通道直达田间（图 5-19）。排屋如兵营一般排列在祠堂两侧及前后，形成既有次序又易于扩建的模式。排屋进深约 8 米，前后间距 2 米左右（图 5-20）。整个建筑群的总面宽160 米左右，总进深 120 米左右。笔者去调查时，此建筑正在拆除中。

图 5-18 全南县中兴地村和顺堂祠堂

图 5-19 全南县中兴地村和顺堂祠堂前通道

图 5-20 全南县中兴地村和顺堂排屋

6. 龙南县龙南镇井岗村

　　龙南县龙南镇的井岗村在桃江干流右岸，是龙南唐氏的聚居地。此唐氏并非由一个家族发展繁衍而来，最早的一支于明代后期从全南县杨坊迁来,另一支于清代早期从本县新杨高祖祠迁来,还有一支于清末从本地下塘上屋分居此地。虽然来源各不相同,但他们通过联宗共居一地,和平相处。他们的居住模式就是各自的排屋朝向村落中的几个池塘,形成松散的围合(图5-21、图5-22)。

图5-21 龙南县龙南镇井岗村总平面

图5-22 龙南县龙南镇井岗村鸟瞰

5.2　章水流域排屋堂屋组合式

1. 南康市赤土乡秆背村鱼头岗邱屋

　　鱼头岗邱屋位于南康市赤土乡秆背村中小溪东岸形似鱼头的山丘岗上，邻近章水支流赤土河。开基祖邱元亨于清中期从本县的枫树圳迁到此处定居，鱼头岗邱屋建于清乾隆二十年（1755年）。

　　该建筑群坐西南朝东北，其布局为 六道排屋，之后有三进祠堂，祠堂后还有后枕屋两道。东侧有横屋四道，西侧有横屋两道（图5-23）。排屋间有约3米宽的通道面对祠堂（图5-24），此通道长约60米。排屋进深约7米（图5-25）。三进祠堂进深约30米。

图5-23　南康市赤土乡秆背村鱼头岗邱屋总平面
（图片来源：据谷歌地球重绘）

　　据《邱氏族谱》记载，邱氏赤土开基祖景禄公之孙元亨，生于清康熙二十六年（1687年），卒于康熙五十六年（1717年），其妻蓝氏三十二岁守寡，携幼子亨通、亨达艰难度日，辛勤创业，于乾隆二年（1737年）迁居鱼头岗。蓝氏以"坚志节操、委曲承姑全孝、殷勤教子"

而出名，于乾隆十年（1745年）获南安府"霜节冰操"匾额表彰，又于乾隆二十年（1755年）获得旌表，并赐建红石节孝门坊一座。此坊成为祠堂下厅的一部分（图5-26）。

图5-24　南康市赤土乡秆背村鱼头岗邱屋祠堂轴线及祠堂入口

（图片来源：南康市博物馆提供）

图5-25　南康市赤土乡秆背村鱼头岗邱屋从下厅门口看排屋

（图片来源：南康市博物馆提供）

图 5-26　南康市赤土乡秆背村鱼头岗邱屋下厅中的蓝氏节孝坊

（图片来源：南康市博物馆提供）

2. 崇义县思顺乡何屋湾中湾何氏宗祠、下湾何氏宗祠

何屋湾位于崇义县思顺乡，濒临章水最大支流上犹江主要支流之一思顺河西岸的弯曲地段。何氏于明成化年间从南京瓦子巷迁入此处建村（图 5-27）。何氏祖居位于何屋湾上湾，是一栋二堂二横的横堂式建筑。

图 5-27　崇义县思顺乡何屋湾下湾何氏宗祠、中湾何氏宗祠总平面图

中湾何氏宗祠北距上湾祖居约 140 米,坐西南朝东北(图 5-28),因受地形限制,布局不够规整,祠堂居中,西侧四道排屋,东侧只有两道排屋,院门又扭转一角度朝北。祠堂三间二进(图 5-29),下厅外设门廊,立一对木柱,柱头出两挑丁头拱承挑檐檩,挑头为鳌鱼式样,加纱帽翅横拱,极为华丽。内设明栿自墙身至后檐柱,上加随梁枋。原有顶棚,现仅存前后卷轩,中部已不存,可见到完整草架,系在随梁枋上立六根穿柱承檩,并以穿梁连接。上厅前檐设一对八角石柱,架双步梁至前金柱,疑原亦有完整顶棚,现亦仅存一条卷轩。前后金柱间架七架梁,后金柱间为神厨,满铺六扇直棂勾片格扇,两侧设屏门。排屋均为两层,端部设吊楼。

图 5-28　崇义县思顺乡何屋湾中湾何氏宗祠鸟瞰

下湾何氏宗祠在中湾何氏宗祠东侧,距离仅约 30 米,坐东南朝西北,布局与中湾何氏宗祠类似(图 5-30),在其完整时极其规整。宗祠三间二进,面宽约 9 米,进深约 28 米(图 5-31),近年经过修缮。下厅除明间开门外,两次间亦开券门,较为少见。门廊设船篷轩顶,内设斗八藻井。上厅满铺明檩天花,神厨疑经近年改造。祠堂两侧的排屋总宽度均约 30 米(图 5-32),边缘各有一道横屋围合,宗祠前有门屋,门屋两侧是进入建筑群的院门。整组建筑总面宽近 80 米,总进深约 60 米。

图 5-29 崇义县思顺乡何屋湾中湾何氏宗祠祠堂

图 5-30 崇义县思顺乡何屋湾下湾何氏宗祠鸟瞰

图 5-31　崇义县思顺乡何屋湾下湾何氏宗祠祠堂

图 5-32　崇义县思顺乡何屋湾下湾何氏宗祠排屋

3. 崇义县思顺乡南洲村朱氏宗祠

朱氏宗祠位于崇义县思顺乡南洲村一个名为"三仙下棋"的村庄,面对思顺河,在何屋湾下游方向约 600 米处。据当地《朱氏大清光绪三十三年族谱》记载,"三仙下棋,闻古有三仙常聚于此而弈也。"村前原有三个天然石墩,现仍存一个,传说是神仙下棋时的坐凳。明成化年间,朱姓从南京瓦子巷迁此建村。

朱氏宗祠坐东北朝西南(图 5-33),背枕青山,面朝思顺河,中部为宗祠,两侧为排屋,及上三下三、上五下五建筑(图 5-34),边缘以横屋围合,建筑前有晒坪,原有院墙院门。整个建筑群宽度近百米,总进深约 70 米。祠堂面宽约 9 米,深约 28 米,三间二进,有后天井,2013 年左右坍塌,现已重建。

图 5-33 崇义县思顺乡南洲村朱氏宗祠总平面

图 5-34　崇义县思顺乡南洲村朱氏宗祠正面外观

6 围垅屋

陆琦先生在《广东民居》中将"围垅屋"定义为"广东兴梅客家地区最常见的一种聚居式住宅,主要建于山坡上。它分为前后两部分,前半部是堂屋与横屋的组合体,后半部是半圆形的杂物屋,称作围屋。围屋房间为扇面形,正中间称为龙厅,其余房间都称为围屋间。围垅屋的分布,以客家聚居腹地兴宁、梅县为中心,向周边辐射,是客家民居中数量最多,规模宏伟,集传统礼制、伦理观念、阴阳五行风水地理、哲学思想、建筑艺术于一体的民居建筑。"

围垅屋在江西客家建筑中并不是主流,只在与广东交界,紧邻兴宁、平远、龙川等地的寻乌县南部大量出现,甚至在寻乌县北部,即使与南部同属东江上游的寻乌水流域,客家民居的主流都为横屋堂屋组合式。在江西其他地方,围垅屋只是零星分布,而且其形式或多或少都会偏离"围垅屋"的形制。尽管如此,目前发现的这些案例,全部为明清时来自广东、福建的移民所建,说明其对于江西民居而言,是一种外来文化。

一般认为围垅屋应当是对称的,加上前方半圆形的池塘和后方半圆形的围龙,自成一个圆满的形象。然而江西目前见到的围垅屋实例大多并不完全对称,这或许是因为后世的不断加建改建,亦或许是在一个形势派风水学说兴盛的地区,人们追求的是建筑与自然的平衡,而不是孤立的对称格局。

6.1 寻乌县的围垅屋

1.晨光镇金星村角背围垅屋

角背围垅屋位于寻乌县晨光镇金星村角背，曾氏清初从广东兴宁县黄陂迁入猪高村，再辗转迁此建村。相传角背围垅屋始建于清顺治年间（1644—1661年），此应为曾氏迁入时间而非建筑本身建造年代。1930年8月19日，寻乌县在此召开了第一次工人代表大会，参加大会的代表有130人，其中有中共寻乌县委代表、共青团寻乌县委代表、寻乌县苏维埃政府代表。此次大会选举产生了以赵冠鹏为委员长的寻乌县总工会，并通过了"如何组织工人起来斗争"等四项决议。此后，县总工会在党的领导下，积极组织广大手工业工人和雇农群众参加革命斗争，使他们成为土地革命中的中坚力量，在粉碎敌人的"围剿"、冲破敌人的经济封锁、发展苏区经济、拥红扩红、参军参战等，做出了积极的贡献。作为革命遗址，角背围垅屋的厅堂部分得到了较好的维修，横屋及围龙部分仍破坏严重。

角背围垅屋是一座三堂七横三围龙的大型围垅屋（图6-1），建筑坐西朝东，通面宽约81米，通进深约57米。建筑前有晒坪，深约9米。晒坪前是开阔月池，现状是不完整的半圆形，直线边长约48米，南侧似有改动，怀疑原始直径长度可能接近60米，是少见的巨大月池。北侧第二道横屋伸出形成院门，朝北开门，正对院门方向又在月池旁挖一小池塘，以堤坝与月池分隔。

建筑的核心是一座大型堂屋，三进，开间为明三暗七，外部看仅三开间,内部实际有七开间。砖木结构,通面阔约21米,通进深约26米。正面外部为齐檐做法，堂屋、横屋全部拉平。主入口在正中，为三间四柱牌坊式门楼，除大门为红石门仪外，其余均为砖砌，门仪上方嵌入匾额，阳文"朝阳挹秀"四字，笔墨饱满遒劲。入内即下厅，面向前天井设两根后檐柱，进深很浅，虽设有四步架，但檩距极小，实际深度仅约2.2米，屋面亦为向内的单坡屋面，基本上是门廊做法。前天井较开阔，河石铺砌，四周条石镶边。

图 6-1　寻乌县晨光镇金星村角背围垅屋鸟瞰

　　中厅向前天井立一对前檐柱,为圆形石柱,承以双层八边形柱础,但无雕饰。柱顶向外以双层木挑头承挑檐檩,向内出三步梁至大内额上的蜀柱,再架五架梁至后金柱。梁、檩、蜀柱均十分粗壮,但毫无装饰,朴素之极。后金柱间设屏门,面向后天井有后檐柱,与后金柱均为木柱。后天井形状宽扁,做法与前天井大致,但在中央嵌入一块青石板,是更地道的土形天井做法。

　　上厅前廊设一对八角石柱,亦为无雕饰的双层八边形柱础。前廊设船篷轩天花,大内额上架梁至后金柱,梁上设明檩平板天花。后金柱间为神厨,有匾"启后功洪"。

　　堂屋中除上、中、下三厅之外的其余房间均为居室,但全部通过过道或穿套向堂屋外开门进出,各厅中均无房门,正是居、祀组合式建筑的特征。

　　南北两侧与堂屋相距约2米处,设置第一道横屋,横屋进深约7米。横屋与堂屋之间通道称天街。第一道横屋外侧约2.4米处,设置第二道横屋;再外侧约2米处,设置第三道横屋;再外侧约2米处,设置第四道横屋,这道横屋进深较浅,仅约4米。

　　以上厅台基中点为圆心,第二、三、四道横屋形成内直径约34米的半圆形围龙。第一围龙居中的一间稍大,称龙厅。围龙上的各间房间其实都是曲边梯形,当地人称"斧头屋"。由于施工精度不够,无法做到真正的半圆形。北侧没有第四道横屋，南侧第四道横屋在延伸形成围龙的过程中逐渐变成抛物线型向北张开，此后又向外进行了各种扩建，使得这座围垅屋在外围成为不对称形态，是它的重要特征（图 6-2）。

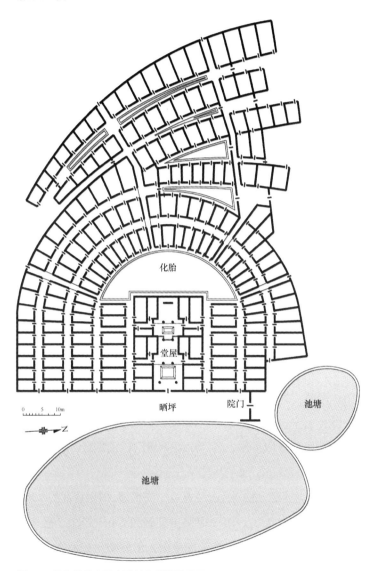

图 6-2　寻乌县晨光镇金星村角背围垅屋平面

　　建筑整体上自两侧向中央逐渐升高。屋顶错落，地面也呈斜面，堂屋与围龙之间的空地用河卵石铺砌，称"化胎"（图 6-3）。

图 6-3 寻乌县晨光镇金星村角背围垅屋"化胎"

2. 晨光镇沁园春村司马第（古柏故居）

古文四于明末从广东梅县大坪迁至寻乌县晨光镇沁园春村定居建村，为古氏开基祖。至清嘉庆年间（1796—1820年），古氏后人古铜勋通过打官司和宗族械斗，丁财兴旺，势力强大，为全县著名财主。当时寻乌县有句民谚，叫做"古铜勋的谷，刘善朗的屋"。意思是说古铜勋的钱谷多，刘善朗的房屋好。当地乡亲都认为沁园春村司马第为古铜勋所建。

1930年，毛泽东来到寻乌县，对该县经济、政治、文化做了一次深入调查，为期二十余天，之后写下了著名的《寻乌调查》。时任寻乌县委书记、沁园春村古氏家族子弟古柏全程陪同调查，并充当客家话翻译。古柏此后曾任红一方面军总前委秘书长，红军长征后继续在赣南开展游击斗争，任闽粤赣边区游击司令。1935年2月因叛徒告密，在广东龙川鸳鸯坑遭袭击，不幸中弹牺牲，年仅29岁。

古家祖宅称"司马第"，由三堂五横一围龙组成（图6-4），始建年代不详，很可能即为嘉庆年间。坐西北朝东南，通面阔约80米，通进深约75米。1934年红军转移时，司马第被焚烧。现状为1934年以后重新修葺而成，围龙则至今未修复，不过残基仍大致清晰可见（图6-5）。

图6-4 寻乌县晨光镇沁园春村司马第鸟瞰

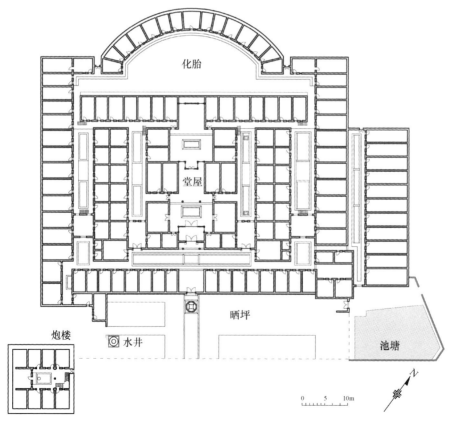

图6-5 寻乌县晨光镇沁园春村司马第平面

正面外部建有进深约 5 米的门屋及倒座一道，是该建筑与江西一般围垅屋不同之处。外墙以河卵石垒砌，建筑其他外墙用三合土夯筑。门屋门额题有"司马第"三字。穿过门屋为一狭长天井，天井后为祠堂，三进，总面阔约 20 米，通进深约 32 米。砖木结构，下厅三间，明间设两榀抬梁式木构架，其余部分为砖墙承檩。中厅、上厅均仅一开间。中厅、下厅均设木屏门，石砌天井，中厅天花置一八角形藻井。上厅面宽约 5.6 米，进深约 7 米，装修简朴庄重。地面均磨砖铺地，条石镶边（图 6-6）。堂屋两侧各有两道进深约 7 米的横屋，东部最外侧还有一道进深约 9 米的杂横。横屋全为土木结构（图 6-7）。

图 6-6　寻乌县晨光镇沁园春村司马第堂屋中厅

图 6-7　寻乌县晨光镇沁园春村司马第横屋天井

建筑外有进深约 14 米的晒坪，晒坪前有照墙。院门设于东部，沿院门有一排猪、牛栏，门外一小水塘，据说因为东面的山谷地势低洼，风煞大，因此设一口"屯煞塘"，使风煞到此化解。同时，猪、牛栏也有抵御风煞的作用。晒坪西侧原有小门及牌坊，均已毁，但残墙上仍保存有安装门栏、拴马铁件的石构件，西侧仍存一口水井。

在西南方有一独立建造的炮楼（图 6-8）。炮楼接近立方体，长、宽均接近 15 米，高约 16 米，五层。据称此炮楼的建造是出于风水考虑。一种说法是，在司马第右前方有一座叫"黄金寨"的山，风水上认为此山为不吉利的"白虎山"。因此在宅前正对黄金寨的右上角建一座雄伟的炮台，有以为"以牙还牙"对消虎威之意。另一种说法是，司马第的地形属"猴形"，为了使其稳定不致"跑掉"，便要建一座雄伟的炮台，以"铁墩拴猴"，便会财丁旺盛。炮楼外墙底部厚约 1 米，往上逐渐缩减，至顶部最薄处约 0.3 米，夯土坯砌筑，四角有条石护边。内部布局如中庭式，中部有天井，房间围绕天井布置，内隔墙为土坯砖砌筑（图 6-9）。

图 6-8　寻乌县晨光镇沁园春村司马第炮楼

图 6-9　寻乌县晨光镇沁园春村司马第炮楼内部

　　沁园春村还有古氏家族的其他围垅屋,如古瑞公祠、古氏分祠。这两座建筑型制仍完整,未经过大规模重建,规模适中,而且各有特点。

　　古瑞公祠坐东北朝西南(图 6-10),二堂二横一围龙,两围龙端部有炮楼。建筑通面阔约 50 米,通进深约 46 米,建筑前有约 12 米深的晒坪,晒坪前有半圆形池塘。该建筑与众不同之处在于其堂屋部分实际上是一座四合中庭式建筑,总进深约 32 米,总面宽约 28 米,中央围合成一个纵向大庭院，宽度约 7.8 米，进深方向约 12.5 米。外墙主要为混杂河卵石的夯土墙，仅大门部分使用砖墙眠砌到顶。大门前立有一对石狮和一对抱鼓石（图 6-11），未必是原始位置，组合关系亦颇奇特，但形态很萌，为手工业时代的独特产品，组合到一起后，像是一只狮子狗带着一只小猫。

图 6-10　寻乌县晨光镇沁园春村古璃公祠鸟瞰

图 6-11　寻乌县晨光镇沁园春村古璃公祠大门及石狮

祠堂大门设三开间门廊，立有两根抹角方石柱，至接近柱顶时改为木柱，与梁架连接。阑额和双步梁均为月梁，明间设覆斗藻井，其余为明檩楼板。入大门即为下厅，深仅一间，面对庭院（图6-12），设后廊与两厢廊庑连接围绕庭院，后廊明间亦设覆斗藻井。庭院地面类似于土形天井做法，条石镶边，周边有宽约0.3米、深约0.2米的水沟，砖铺沟底。上厅外设三开间前廊，明间开间约7.2米，次间约3.8米，深约3.5米，明间亦设覆斗藻井。上厅本身却不是三开间大厅，而是以厚近0.7米的墙体分隔成三开间。明间后墙设两根甬柱，架梁至内额，梁间设三层斗八藻井。甬柱间为神龛。两次间亦向前廊完全开敞，用途不详。

图6-12 寻乌县晨光镇沁园春村古瑞公祠祠堂内庭院

内侧横屋均为两层，设接近通长的吊楼。外侧横屋和围龙仅设阁楼，均为土坯砖砌筑。化胎部分高出堂屋部分地面约2米，河石铺砌。此建筑仍有住户，我们去调查时，一位老人正在修理化胎地面（图6-13）。

这种基于一座四合中庭式建筑发展而成的围垅屋，目前仅发现此一例，虽然是孤例，仍足以说明客家建筑的空间组织模式。

图 6-13　寻乌县晨光镇沁园春村古瑺公祠化胎

古氏分祠坐西北朝东南，二堂三横一围龙（图 6-14），建筑通面阔约 40 米，通进深约 30 米，建筑前有约 13 米进深的晒坪，晒坪前有半圆形池塘。它的横屋伸出堂屋之外，对堂屋形成合抱之势，当地人称"下山虎"式。外墙亦为混杂河卵石的夯土墙，仅转角处使用砖砌体加固。无门屋、倒座，祠堂大门亦设门廊，立两根木柱，但宽度甚小，柱上梁架至内侧墙体即结束，实际为一开间，内部为山墙承檩。下厅与上厅之间隔一小天井。上厅仅一间，亦为山墙承檩，但朝天井的正面设双层阑额，下层阑额承两厢挑檐檩。其余部分均为土坯砖砌筑。现已无人居住，几近坍塌。

图 6-14　寻乌县晨光镇沁园春村古氏分祠

3. 晨光镇司城村新屋下刘氏公祠

新屋下刘氏于清代中后期由广东龙川县迁入晨光镇司城村定居。刘氏公祠位于村中篁乡河北岸的田畈中央，北距其本家丰山里刘氏大屋约630米。建筑建于清咸丰元年（1851年），坐北朝南偏西，二堂八横，有一道后枕屋，原有两道围龙，内侧围龙进深较小，现大部分已倒塌，外侧围龙形态尚完整，亦有变动（图6-15）。东南角横屋端部建有炮楼，西南角还有一栋独立建造的炮楼。建筑规模十分巨大，建筑通面阔约93米，通进深约80米（图6-16），前有半圆形月池，亦十分巨大，连同池塘的总占地面积约1.2公顷。

图6-15 寻乌县晨光镇司城村新屋下刘氏公祠鸟瞰

主入口在西面，靠近西南角，前又有一个大月池，尺度与正屋前的月池相仿。建有三间四柱八字牌坊式大门，石砌勒脚，磨砖照壁，上部以泥灰塑做多种浮雕图案装饰，做法十分讲究。大门后为门屋，为一开间敞口厅，中央地面为细卵石花街铺地，周围为粗卵石铺地。

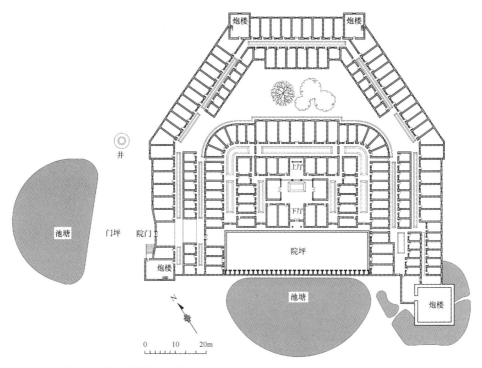

图 6-16　寻乌县晨光镇司城村新屋下刘氏公祠平面

　　出门屋，经过横屋间的通道，进入正屋前的宽阔晒坪，一条卵石甬道从门屋直通至晒坪尽头。晒坪深约 13 米，长与建筑相同，前有鸡、鸭、猪等畜房，内有水井一口。中央为堂屋部分，通面阔与通进深均约 22 米，全为砖墙眠砌到顶，十分奢侈。外有三开间门廊，立两根倒角方石柱，设覆斗藻井。上下厅均为山墙承檩，方砖铺地，石砌天井。上厅前有前廊，亦立两根倒角方石柱，但梁架仅到墙体。上厅正面有粗壮内额，后墙前加两根甬柱，架梁至内额。中央可能原有神厨，现已不存。两侧厢房有雕花格扇。整个堂屋雕饰节制，但用料讲究，尺度合理。

　　整座建筑其余部分均为土坯砖砌筑。堂屋后有一道枕屋护卫，枕屋与横屋连接处倒角呈弧形，横屋伸出堂屋，呈"下山虎"式。横屋进深约 7 米，与枕屋相连的横屋山墙为马头墙形式。

　　此建筑的后围龙没有做成传统的半圆形，而是呈梯形围合建筑，与半圆形相比，这种做法较易定位放线，有利施工。围龙前部地面有明显升起，河石铺砌，亦为围垅屋的一般规律。

独立建造的炮楼平面为方形，边长约 12 米，残墙高约 11 米。现已无任何楼板痕迹，从墙体上与木结连接的痕迹推断，可能为 5 层。炮楼外墙为河石砌体，厚约 0.6 米（图 6-17）。炮楼外四周也挖有水沟防护。

图 6-17　寻乌县晨光镇司城村新屋下刘氏公祠炮楼内景

4. 菖蒲乡五丰村古氏龙衣屋

寻乌县菖蒲乡五丰村位于江西与广东交界的边境，与广东省龙川县仅一山之隔。一支古氏家族于明代后期从广东梅县大坪迁入寻乌县中和斗牛崇，清初它的一个分支迁入菖蒲乡五丰村棠米岗建村，相传此建筑即始建于此时。这支古氏似乎有家传武功，而且凭此发迹。据光绪《长宁县志》和古氏家谱记载，古全仁于雍正元年（1723 年）中武举，从此开始了古氏武科的光荣史。乾隆十五年（1750 年），古全仁之侄古刚中武举，并于次年连捷中武进士，点为御前侍卫；乾隆十八年（1753 年），古全仁之子古安邦、侄古风度又中武举，古风度并于次年中武进士，点为御前侍卫；乾隆二十五年（1760 年），古风度之兄古风化再中武举；乾隆二十七年（1762年），古刚之弟古风光又中武举；乾隆三十年（1765年），古全仁之孙古兆图再中武举。持续四十多年的武科登第，使这支古氏家族不断兴旺发达。在家族日益兴旺的过程中，古氏对原有建筑不断层层加筑外层横屋、围屋，从而逐渐形成庞大规模，当地居民称为"龙衣屋"（图6-18）。

图6-18　寻乌县菖蒲乡五丰村古氏龙衣屋鸟瞰

　　建筑坐东北朝西南，三堂八横三围龙，对称布局，完全符合围垅屋的一般规制。现状堂屋完整保存，横屋和围龙部分被改建，少部分已拆除，总体形态尚基本完整。建筑通面宽约110米，通进深约80米，建筑前的晒场深约8米，现已辟为村中道路，原有院墙已拆除。晒场前有大小不规则池塘两个，小池塘疑为原门屋位置。

　　堂屋部分通面宽约21米，通进深约35米。大门为三开间门廊，柱上架三步梁，梁上有随梁穿枋，梁枋端均插入墙身。穿枋间加横向穿枋，不与蜀柱连接，而是错开蜀柱直接架在随梁穿枋上，到山墙面插入墙身。入门即下厅，深度很小，设木屏门，做法简朴。屏门后为大天井，河石砌筑，中砌甬道，包括堂面石也为河石砌筑，十分粗犷。中厅实际仅一开间，但面向天井设两根粗壮廊柱，大大增强了气势。中厅有大内额，架在两端山墙上，后设两根檐柱，与前廊柱对齐。廊柱与内额间亦设三步梁，明间设覆斗藻井。内额上立蜀柱，从蜀柱到后檐柱架梁，但此梁并不承檩，梁上立两根蜀柱承上层梁，并架顺檩枋与山墙拉结，但梁架到此为止，不与任何檩条连接，是极奇特的做法。后檐柱间设屏门。上厅亦仅一开间，亦设前廊柱、大内额，后墙设一对甬柱，做法与中厅几乎一样，唯开间更小而层高更大，前廊无藻井，后甬柱间设神龛。所有梁、额枋、内额均为月梁。木结构用材较粗壮，做法既简洁又有强烈的地方特色（图6-19）。

图6-19　寻乌县菖蒲乡五丰村古氏龙衣屋堂屋内景

建筑外围墙体为混杂河卵石的夯土墙，十分雄浑厚重，现正面大面积粉白，又绘制若干假青砖垛子，效果不佳。堂屋为砖墙，大部分亦粉白，又绘制假红石勒脚。其余墙体为土坯砖砌筑。横屋进深约7米，正面山墙均为悬山顶加披檐，每道横屋较内侧横屋伸出约1.5米，以形成合抱之势。最外侧两道横屋端部建筑突出约2米，建有炮楼。

横屋间的排水沟、化胎都用大河石砌筑，十分粗犷（图6-20）。围龙部分层层升起，最外层围龙地面与晒坪地面约有6米的高差，十分有气势。

该建筑最盛时据说有房间400余间，曾居住着80多户，500余人。1865年、1965年曾两次大规模修葺。

图 6-20　寻乌县菖蒲乡五丰村古氏龙衣屋化胎

5. 项山乡桥头村潘氏仰高第

据项山乡桥头村《潘氏族谱》，潘氏于南宋末年从福建长汀迁入寻乌县项山乡，于明代后期即迁入该村定居。潘氏仰高第坐东南朝西北，坐落在一处山坡上，建筑随山坡层层抬起，化胎地面相对于晒坪高了约 3 米。原为三堂七横一围龙，现已不完整（图 6-21）。建筑通面宽约 80 米，通进深约 70 米，建筑前的晒坪深约 10 米，前有不规则池塘（图 6-22）。

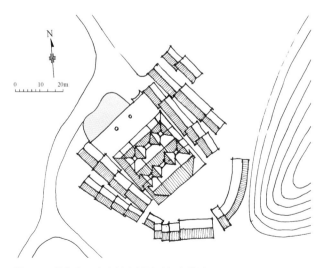

图 6-21　寻乌县项山乡桥头村潘氏仰高第总平面

图 6-22 寻乌县项山乡桥头村潘氏仰高第正面鸟瞰

院门在晒坪东北角，与建筑朝向一致，为一座五间六柱五楼牌坊式砖砌大门，但无任何雕饰，仅有简单线脚和檐下花牙子，明间墨书题额"仰高第"三字。高度亦仅约4米，尺度有限（图6-23）。

图 6-23 寻乌县项山乡桥头村潘氏仰高第院门

该建筑的独特之处在于第一道横屋与堂屋相交处的屋面为四坡顶，从视觉上增大了堂屋的面宽。晒场前端有两根10余米高的旗杆石，在山下仰望建筑时十分壮观。两侧第二道、第三道横屋伸出堂屋约12米，呈"下山虎"式环抱堂屋。后围龙中部的龙厅向前伸出约1.5米。

　　堂屋正门为三开间门廊，三步梁双层檩。三进厅均仅一开间，下厅很浅，亦未设屏门，入门即见一带中央甬道的天井，周围条石镶边，卵石砌筑，但堂上卵石较粗，甬道卵石较细，天井内卵石更细，粗犷中不失细腻。中厅前立一对廊柱，前廊仅单步梁。厅内在两侧山墙上架大内额，立蜀柱，架九架梁至后檐柱，设屏门。后天井较小，但全为条石砌筑，做工精致。上厅无廊柱，直接从大内额上架九架梁至后甬柱，甬柱间为落地的神厨（图6-24）。堂屋墙体全为砖墙眠砌到顶，三进厅均设双层檩，十分奢侈。

图6-24　寻乌县项山乡桥头村潘氏仰高第上厅

　　除堂屋外的其余部分均为土坯砖砌筑，山墙承檩，部分设有阁楼。屋顶高度不断变化，除整体随地形逐步升高外，亦加入多个局部降低的连接段，使得形态变化十分丰富。横屋和围龙间大量使用大块河石铺砌地面、台阶、散水等，化胎亦全为河石地面（图6-25）。

图 6-25　寻乌县项山乡桥头村潘氏仰高第后围龙处建筑

6.2　江西其他地方的围垅屋

1. 龙南县武当镇大坝村叶氏田心围

　　叶氏田心围所在的龙南县武当镇大坝村与广东和平县一山之隔。当地开基祖叶本三即来自广东省和平县七娘磜，明代中后期迁入此处建村。

　　叶氏田心围坐西朝东略偏南，三堂八横三围龙，正面设门屋、倒座。它不符合严格的围拢屋型制，比如北部最外侧横屋端部为一四合中庭型独立宅院，最后一道围龙以墙围合而不是以建筑围合，建筑只是依墙而建，这是形成围屋的设计手法，一般不用于围垅屋，而且也未见龙厅（图 6-26）。除此之外，它的格局还是基本符合围拢屋型制的，位于中轴线上的半圆形水池、晒坪、门屋、堂屋、化胎、围龙；两侧环抱堂屋的横屋；化胎地坪高于晒坪地面约 3 米，由于它处于围垅中部，场地并无此高差，可见也是刻意营建的结果。

图 6-26　龙南县武当镇大坝村叶氏田心围北侧鸟瞰

　　叶氏田心围通面宽按投影长度计约 130 米，按展开长度计接近150 米，通进深约 50 米，围合区域占地面积约 8400 平方米（图 6-27）。建筑前的晒场深约 8 米，现已辟为道路。周围共设 5 座炮楼，一座在靠近东北角的第二、三道横屋端部之间；一座在东北角的四合中庭型独立宅院的角部；另三座在后围龙；大致均匀分布，一座居中。除东北角的四合中庭型独立宅院附建的炮楼外部完全封闭外，其他炮楼均附有拱门入口。

　　门屋向内凹入形成简单门廊，无立柱。穿过门屋为一条狭长庭院，是门屋倒座和堂屋之间的开敞空间。堂屋即叶氏宗祠，称茂松堂。大门三开间，立两根粗壮木柱。进门为前天井，青石砌筑。中厅立两根前廊柱，搭三步梁至大内额，从大内额上再架五架梁至后檐柱，均为赣南客家建筑中厅的常见做法。上厅设后甬柱，柱间为神厨。

　　整个建筑以一圈混杂河石的夯土墙包围，至后围龙完全变为围墙，内层加砖衬砌，总厚度达到 1 米左右。堂屋为砖墙砌筑，其余均为土坯砖砌筑。除中厅有复杂木构架外，其余均为山墙承檩。后围龙的建筑均系在围墙上搭建而成，原来可能就没有全部建满，现在又倒塌了相当部分，残缺不全。横屋、其他围龙也都有部分倒塌（图 6-28）。

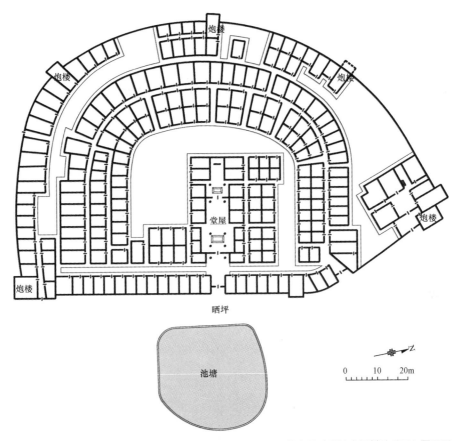

图 6-27　龙南县武当镇大坝村叶氏田心围平面

图 6-28　龙南县武当镇大坝村叶氏田心围正面鸟瞰

此屋规模巨大，曾有 150 余户、800 多人在此居住，现在只有个别老人独居于此。

2. 龙南县武当镇三联村下松山叶屋、上松山叶屋

三联村下松山叶屋、上松山叶屋位于大坝村叶氏田心围西北方向约 600 米处，朝向相同，都是坐西北朝东南（图 6-29），布局方式也类似，其中下松山叶屋规模还超过了大坝村叶氏田心围。此地开基祖叶朱于明末清初由广东南雄县坪田迁此定居，与大坝村田心围的叶氏不是同一支。

图 6-29 龙南县武当镇三联村下松山叶屋、上松山叶屋总平面
（图片来源：据谷歌地球重绘）

下松山叶屋由二堂十二横四围龙组成，有倒座、门屋、后枕屋，通面宽约 130 米，通进深约 95 米，围合区域占地面积约 1 万平方米，是目前所知江西客家地区最大的围垅屋。建筑前的晒坪深约 7 米。化胎地坪高于晒坪地面约 1.5 米（图 6-30）。

此建筑的特异之处在于几乎全是折线组合，连倒座都为明显的折线形，仅有堂屋部分较为规整。门屋凹入，墙体中嵌入木梁柱、额枋。

下厅就尺寸而言仅一开间，但是加了两排柱子，前后廊柱和檐柱俱全，使其成为三开间。前后檐柱间架九架梁。上厅则仅有前廊柱和后甬柱，架七架梁。甬柱间设神厨，雕刻格扇。

图6-30　龙南县武当镇三联村下松山叶屋现状鸟瞰

上松山叶屋总体规模较小，仅有二堂六横三围龙，也有倒座、门屋，总面阔约85米，总进深约60米，建筑前的晒坪深约9米。化胎地坪高于晒坪地面约2米。主体部分用材做工均高于下松山叶屋。门屋为三开间（图6-31），设前后檐柱，前檐柱柱头设三跳计心造丁头拱承挑檐檩和挑檐枋，额枋则直入柱头，枋下原有雀替，已遗失。后檐柱仅两层挑头。下厅亦为三开间，前后廊柱和檐柱俱全，明间开间接近6米，次间仅约1.1米。柱头亦设三跳计心造丁头拱，做法与门屋相同。后檐柱间设屏门（图6-32）。上厅仅一开间，山墙承檩，朝天井一面于墙角设柱，仅支檩和额枋。后墙退两步架在山墙中设柱，仅支檩，另加一对甬柱，柱间原有神厨，现已毁去改为砖砌神台。

图 6-31　龙南县武当镇三联村上松山叶屋门屋

图 6-32　龙南县武当镇三联村上松山叶屋下厅

这两座建筑因总体质量较差，现已大部分拆除，仅存祠堂部分。

3. 会昌县筠门岭镇芙蓉村芙蓉寨围垅屋

筠门岭镇是会昌县南部山区的一个繁荣小镇，明万历年间（1572—1620 年）即已形成圩镇，至清光绪年间（1875—1908 年）商业日盛，发展到 5 条街、300 多间店房。芙蓉村位于镇西山谷中,距镇区不足 1 公里。芙蓉村开基祖于明代中后期从福建太阳桥迁此建村。芙蓉寨围垅屋建造时间不详,目前仍由朱氏后人居住。

芙蓉寨围垅屋坐北朝南略偏西,二堂七横二围龙,有倒座、门屋。堂屋东侧有两道横屋,西侧为五道横屋,目前已不完整。通面宽在所有横屋都在时应有 100 米左右,通进深约 65 米(图 6-33)。

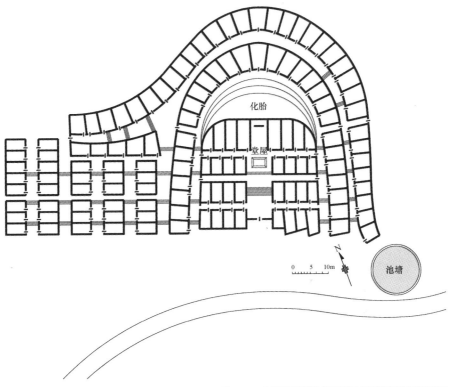

图 6-33　会昌县筠门岭镇芙蓉村芙蓉寨围垅屋平面

建筑建在山坡上,门屋地坪标高高于山下道路约 2.2 米,前有蹬道。建筑顺山势而建,逐步抬升,至后围龙又比门屋高出约 5.2 米。堂屋共七开间,但上、下厅均仅一开间,全为山墙承檩,但下厅前廊设船篷轩顶,上厅内部设明檩望板顶棚,实际屋面高度比室内高出约 1.1 米。后围龙为三道折线形成的梯形。天井、化胎等均为大小卵石砌筑。由于位于复杂山间坡地,做法随意,也可能施工精度不够,其形态十分不规则,更像一座围寨。

芙蓉寨围垅屋人口最多时住过 20 余户，现在仅有朱正桂夫妇一户，在围垅屋门口开一间小商店谋生。

4. 上犹县营前镇珠岭村百家塘围垅屋

珠岭村百家塘围垅屋位于上犹县营前镇镇区边缘。据《上犹县志》记载，唐末虔州节度使卢光稠在此建兵营，宋朝赠封卢光稠为太傅，此地称太傅营，圩场则称太傅圩。明正德年间蔡氏在太傅营前面筑城，名营前城，太傅圩此后被称为营前圩。圩场原在坪子街，后移河边，1956 年因建陡水水库，圩迁今址，位于原址西北方向约 2 公里。1932 年 4 月，彭德怀率领红三军团进驻营前，百家塘围垅屋曾是红三军团政治部指挥员和教导队驻地。珠岭村因位于现镇区范围，村中许多大屋都已拆除，而百家塘围垅屋因为是上犹县文物保护单位，所以仅后围龙和部分横屋被毁，其余部分尚完整（图 6-34）。

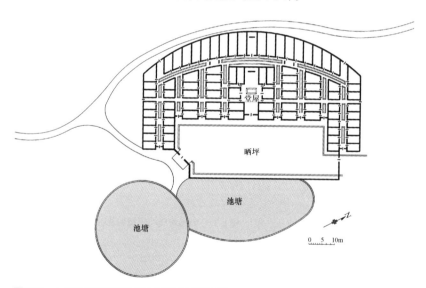

图 6-34　上犹县营前镇珠岭村百家塘围垅屋平面

百家塘围垅屋坐西北朝东南，其建造者黄志道于清乾隆年间从广东兴宁迁入上犹，于乾隆三十一年（1766 年）迁此定居，建造此屋。建筑为二堂八横一围龙，通面宽约 80 米，通进深约 35 米，建筑前的晒坪深约 18 米（图 6-35）。院门现已不存，按池塘位置，应位于晒坪南侧。

图 6-35 上犹县营前镇珠岭村百家塘围垅屋鸟瞰

堂屋五间二进,总面宽 6.8 米,总进深 19.6 米。明间凹入为门廊,有精致青石门仪和门墩石。下厅一间,朝向天井一面设一对檐柱,砖砌天井,青石镶边。上厅亦仅一间,但开间较大,前廊设一对廊柱,与下厅后檐柱对齐,搭梁支撑天井周围檐口。上下厅均设阁楼,上厅前廊设船篷轩顶。两厢开腋廊通向侧天井,廊间为子厅,设四扇直棂格扇。

堂屋与横屋间的侧天井"天街"在正面开门,貌似副厅,但内部并无分隔,天井虽分成前后两段,也没有设短廊连接。横屋进深约 8 米,山墙为马头墙,突出正面,丰富了屋顶轮廓线。建筑外墙均为砖墙砌筑,内部仅祠堂为砖墙,其余均为土坯砖。

后围龙已毁,但据现场调查和历史图片,其轮廓为矢高较低的弧线,与半圆相去甚远,实际上更接近后枕屋。"化胎"位置地面没有明显升起,场地也没有应有的营建痕迹。总体而言此建筑更具有"九井十八厅"的特征。但当地人及文物保护单位牌匾上的名称,均称其为"围笼屋",也许建筑型制也如这个"笼"字一样,在传播的过程中发生了变异。

5. 上犹县营前镇军珠岭村军田排龙宇张氏围垅屋

军田排龙宇张氏围垅屋也在营前镇镇区边缘,南距百家塘围垅屋不足 500 米。传说此地农田为军队开荒垦成,故名"军田排"。此地原为曾氏居住,张氏何时迁来不详。

龙宇张氏围垅屋二堂四横一围龙，坐东北朝西南（图6-36）。通面宽约60米，通进深约35米，前有晒坪、月池，晒坪深约8米，东西各有一对旗杆石。其后围龙轮廓基本上是一条直线，仅与外侧横屋连接处为弧线连接，形式更接近于后枕屋。

图6-36　上犹县营前镇军珠岭村军田排龙宇张氏围垅屋鸟瞰

堂屋三间二进，通面阔和通进深均约为18米。大门凹入形成简易门廊，有门榜"宝箴垂裕"。下厅仅一间，厅后原有木屏门，枋上有匾曰"金鉴传芳"。上厅前廊设一对廊柱，仅承额枋、檐檩和两厢挑檐檩。上厅亦仅一间，开间比下厅还小，墙承双檩结构，下层脊檩上书有"万世兴隆"，厅后设神台。横屋进深约8米，进入横屋之间天街的入口也有门榜，左边为"三阳开泰""居之安"，右边为"七叶扬芬""得其所"。

建筑正面为齐檐做法，横屋山墙为悬山顶加披檐，与堂屋屋檐处于同一条水平线，屋顶轮廓变化丰富。后化胎处地面略有抬高，因为已铺了水泥地面，进行了园林化布置，无法看出是否做过化胎地面处理。龙厅处为"观音厅"（图6-37）。

该建筑仅堂屋入口处使用了砖砌体，其余部分均为土坯砖山墙承檩。建筑形式和百家塘围垅屋类似，更接近"九井十八厅"而非围垅屋。现为上犹县文物保护单位，横屋已有部分坍塌。

图 6-37　上犹县营前镇军珠岭村军田排龙宇张氏围垅屋"观音厅"

6. 分宜县湖泽镇尚睦村邓家围垅屋

邓家围垅屋，当地人也称邓家大屋，位于江西西北部的分宜县湖泽镇尚睦村，属于邓氏家族，是江西目前发现的唯一不在赣南地区的围垅屋。据《邓氏族谱》载，商人邓勋约于清乾隆年间（1736—1796年）从广东嘉应州（今广东省梅州市）辗转迁居于此，经营致富。邓勋之子邓锦彪于清嘉庆十年（1805 年）开始建造此屋。首先建成三进堂屋，取名三立堂。此后为防盗，在堂屋周围又建造了一圈建筑，至嘉庆二十四年（1819 年）完工，形成三堂两横一围龙加倒座门屋的格局。整个建筑通面宽达 46.8 米，通进深 92.4 米，占地面积 4324.32 平方米，体量远远超过当地其他民居。当地人传说该屋有 99 间房间，故又称尚睦百间屋。实际上数字为约数，不过显示其超乎寻常之大而已。

邓家围垅屋平面布局沿东南—西北轴线发展，主入口在东南侧（图6-38）。入口前原有月形水池，现已消失。最外为一座三间四柱牌楼式砖砌门楼，两侧有凸出的八字砖照壁，方向更偏东，与建筑主轴线并不重合。其后才是门屋，两侧设围墙与倒座连接，在门楼内围合形成一个小庭院，类似于瓮城的设置，但实际上并不具备充足的防御能力。

门屋为五开间三明两暗的配置,中央三间设门,前后均有门廊,当地
称"槽门"。

图 6-38　分宜县湖泽镇尚睦村邓家围垅屋入口外景

过槽门为晒坪,当地称"晒场"(图 6-39),宽约 29 米,深约 19
米,面积约 550 平方米。隔晒场即为堂屋,面宽七间,中央三间设门廊,
两侧的次间和稍间均为实墙,开少量门窗。两端设有连接体与横屋连
接,颇具气势(图 6-40)。

图 6-39　分宜县湖泽镇尚睦村邓家围垅屋晒场

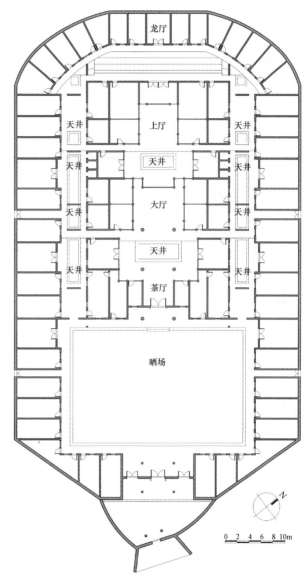

图 6-40　分宜县湖泽镇尚睦村邓家围垅屋平面

　　拾阶而上，穿过三开间门廊，进入堂屋下厅，当地称"茶厅"。仅明间一开间，两次间均封闭为房间。厅后即为前天井，地面全为方砖铺砌，极其工整。天井之后为中厅，是整座围屋内唯一的三开间大厅，地面为方砖对缝铺砌，周围俱设板壁，两厢、正房设全开格扇，后金柱间设屏门。绕过屏门，即为后天井，其后为上厅，亦仅一开间，内设屏墙神厨（图 6-41）。

图 6-41　分宜县湖泽镇尚睦村邓家围垅屋上厅

　　周围的横屋、倒座、后围龙对堂屋形成完整围合，屋脊高度自后向前逐渐降低，虽高差不大，仍具有某种"五凤楼"形式。晒场周围的横屋和倒座高度约一层半，设阁楼。堂屋周围三面的横屋和后围龙高度均为两层，设兜通的吊楼，撑拱、栏杆做工均远较赣南一般做法精致。龙厅处吊楼提高约 0.4 米，作为其外部标志。堂屋与横屋间形成狭长天井（图 6-42），两侧各以五道花窗围墙划分成四段，均为卵石铺地。化胎为三层台阶（图 6-43）。

　　堂屋内有大量精美小木作，包括门窗格扇、挂落、雀替等，均与江西北部一般做法近似。

　　邓家围垅屋虽然距离广东梅州地区近 600 公里，却仍保留了客家围垅屋的特征，又融入了部分江西传统建筑主流做法，是江西西部保存较完整的杰出闽广移民居住建筑。2006 年被列为江西省文物保护单位。

图6-42　分宜县湖泽镇尚睦村邓家围垅屋横屋天井

图 6-43　分宜县湖泽镇尚睦村邓家围垅屋后围龙

7 围寨

"寨"在客家山区有两种含义，一是依山而筑的防御工事。据同治《兴国县志》记载，"鲤公鲤婆两寨在衣锦乡相去十余里，鲤公寨直齐村之上，赭峰刺天，陡峭不可上；鲤婆寨山顶平旷，可容千人。即黄惟桂招安张治妻处。"黄惟桂于清康熙十五年（1676年）任兴国知县，他曾说过："兴邑地处山陬，民多固陋，兼有闽广流氓侨居境内，客家异籍，礼义罔闻。"而张治妻是县志留名的著名土匪，鲤婆寨是他依山而筑的土匪窝，最后被招安。

这种"寨"既与当时社会状况相关，也与当地的自然环境相关。如兴国县枫边乡石印村山阳寨，古称"山阳磜"，"磜"的意思是高大的石壁悬崖，客家地名中很常见。如福建武平的"云磜"、广东新丰的"黄磜镇"。

现在许多客家山区仍保存有这类工程遗址，如石城县小松镇罗溪村的东云峰石寨（图7-1）。东云峰地势高，视线好，往往是兵家必争之地，罗溪村温氏族人早年间曾在此修筑防石寨，匪徒来时全村躲入石寨。抗日时期也在此设置过军事工事以占据地势制高点。现仍存大石垒砌的石寨南门、北门、西门以及仙顶石坪，与山势相呼应，古朴雄浑。

图 7-1　石城县小松镇罗溪村东云峰石寨
（图片来源：罗溪村传统村落登记表）

　　龙南县关西镇新围村历史上有过两座"山寨"，一座名为"老寨顶"，位于关西新围的后山顶；为一座环山顶建的土筑围墙的圆寨，直径约 60~70 米，现有残墙高低不等。另一座名为"指山寨"，建在老寨往北再过两个山头的山顶，直径约 40~50 米，现仅留部分土墙，均为村民临时躲避战乱、匪劫之用。

　　"寨"的另一种含义是乡民不依托某个山头而筑的防御工事。明嘉靖《瑞金县志》记有"壬田寨"，当时有壬、田、蔡等姓氏建圩场于今瑞金市壬田镇，取名壬田蔡。后在圩镇周围建土、石结构的寨，改名为"壬田寨"（图 7-2）。又如清顺治《定南县志》记载，"近苦于粤寇，乡民筑土墙为围寨居之。"

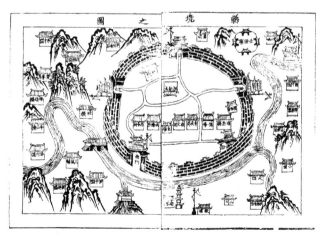

图 7-2　县城与"壬田寨"绘图
（图片来源：明嘉靖《瑞金县志》）

　　宁都县赖村镇有金牛寨,据《雩阳水溪黄氏十三修族谱》中的《印山金牛寨记》记载,"寨之尾横阔十余丈……寨之首横阔约数丈""可建房屋无数,容人数万""由明至清初甲申岁(顺治元年,1644年)修整数次,以防寇盗,避于斯者悉保无虞""至甲寅(康熙十三年,1674年)崔逆倡乱,遂邀集本家殷户公堂捐资重加修整""迨至咸丰乙卯(咸丰五年,1855年),贼蜂四起,族人开纬、阅忐、阅种、上进、品超倡首,乃将本姓捐资三千有奇,东塘房十捐之六,水西房十捐之四,同心协力,首尾用坚石堆厚,墙壁高峻,不一年而工告竣。越丁巳(咸丰七年,1857年)春,发贼犯境,不啻蚁众,无论本姓异姓,概避斯者约数万,于五月内叠围三次,攻取甚急,满寨尽力坚守,炮毙贼命不计其数,贼乃各退境外,而寨则保全无恙矣"。

　　从以上记述中可知,这类"寨"即为地方居民自筑的防御工事,多为石砌或夯土围墙,墙上开射击孔,其中也有若干建筑,供土匪来袭时临时躲避,像村围但没有村围的规模,像围屋但没有围屋的建造型制,即用防御工事围合了一些建筑。

　　这类工事有时也被称为"围",如兴国县古龙岗镇寨上村的墩上土围,位于兴古公路旁寨上段寨前的小山岗上。建于清咸丰六年(1857年),当时寇匪峰起,乡里各大姓皆建土围自卫。寨上村的刘氏家族有好几百口人,也在寨上河背寨前的小山岗上建了一座土围,以供土匪来袭时族人躲避。据刘氏族人、秀才刘步青在同治四年(1865年)撰写的《河背寨前墩上土围记》记载,土围平面呈不规则四边形,占地约2000平方米。围墙用砖石砌筑,墙宽约0.4米,高约2~3米,墙垣上有高低不同外窄内宽的小洞,供射击或观察外情之用,围内有刘氏公用的厅厦一所,各房住宅若干。还有水井、池塘等,围墙上设有东、西、南三座门进出。这类防御工事在江西客家山区大量存在,但是经过了半个多世纪的和平年代,现在只有少数地方还有残垣断壁可供追忆,如于都县禾丰镇大坵村土围遗址(图7-3)。

图 7-3　于都县禾丰镇大坵村土围遗址

（图片来源：大坵村传统村落登记表）

　　本书要介绍给大家的"围寨"是指这样一类围屋，由不规则的墙体或建筑围合，内部有祠堂、住宅、水井等建构筑物，这些建构筑物呈单栋、无序排列，其规模尺度相当于大中型围屋或横屋堂屋组合式建筑，建筑排列方式则类似村落。这类建筑不像"九井十八厅"那样具有较高建筑质量，也没有围屋那样有高度的辨识性，多数看起来像乡野中随意的一组建筑，所以极少被记录和保存，笔者还能见到的围寨仅出现在龙南、定南两县而已，但正是这种以无序为形式的创造，提供了围寨设计上的自由，产生了许多有个性的作品。

7.1　龙南县的围寨

1. 龙南县关西镇新围村西昌围

　　西昌围坐落在山区中一片较开阔的河谷平地，倚山而建，属于龙南望族徐氏家族。传说始建于明末清初，是本村现存最古老的围屋，故当地又通称老围。据《龙南关西徐氏七修族谱》记载，其先人于北宋嘉熙年间（1237—1240 年）自江西省泰和县迁至龙南。按泰和县初设于东汉兴平元年（公元 194 年），时名西昌县，隋开皇十一年（591 年）才改名泰和县，至今仍有人以西昌称泰和。故西昌围之名，实为纪念徐氏之祖籍地望。

西昌围确切建造年代不详，传说纷纭。一说始建于明末清初；另一说为当地地主徐立孝与其兄弟共建。据《龙南关西徐氏七修族谱》，徐立孝生康熙丁酉（康熙五十六年，1717 年），殁乾隆辛丑（1781 年），育有八子二女，其中六子成人，西昌围内之立孝公祠，即为祭祀他所设。则西昌围如系徐立孝所建，年代不可能早于乾隆，而绝不可能为明末清初。以西昌围实际情况而论，可能是在一个较早——可能早至明末清初的一组建筑基础上逐渐发展而成，至徐立孝在世时建设完备。

该围位于传说中徐氏家族的风水宝地——一块蛤蟆形高地，其围屋平面形状也被称为蛤蟆形，并以其南侧的两座门比拟为蛤蟆的两只眼睛，门外有池塘，寓意"蛤蟆取水"。背靠小山丘，林木葱茏（图 7-4）。

图 7-4　龙南县关西镇新围村西昌围鸟瞰

该围系由一圈围墙和护房围合而成，随地形高低而建造。平面形状非常自由，形成略呈平行四边形的不规则形状，是一座逐步建设累积而成的围屋。外围一共建有五座炮楼，东南角设两座，其他 3 个角各设一座,防御性相当强。围内建筑没有统一规划布局,各成独立的个体,中心为关西徐氏祖祠,周围另有4座建筑,包括立孝公祠、六大伙厅、观音厅等,各建筑彼此间亦无轴线对位关系,具有浓郁的自然生长的形态特征。全围拟圆直径约87米,占地面积约5300平方米。主要建筑室内均装饰华丽,大部分具有清代后期至晚清特征,进一步证实了此围屋是一个长期发展过程的产物。

　　全围设两座围门,一座称乾门,又称大围门,位于围屋东南,朝南偏东开门,是主入口;另一座称坤门,又称小围门,位于乾门西面约40米处,朝西南开门,是次入口。立孝公祠在坤门西侧,是围内现存最古老的建筑,传系徐立孝的住宅,他去世后改为祠堂。室内门窗格扇和天花均施彩绘雕刻,图案包括花开富贵、渔樵耕读、龙凤呈祥等。之后建造的是徐氏祖祠,位于围内中心位置。祖祠西面建起"六大伙厅",即徐立孝的六个儿子的居所,位于缓坡之上,顺应地形,一进高过一进,寓意"步步登高"。其后建有观音厅。此后在祖祠东面又建起徐立孝孙辈的居所,并陆续建造炮楼,后来又陆续加建其他建筑(图7-5)。

图7-5　龙南县关西镇新围村西昌围建筑组成

作为一个罕见的逐渐生长、布局自由、变化丰富的实例，此围屋足以代表围寨的生长、发展与形态的生成，具有很高的研究价值。它也是围寨中最著名的一座。

2. 龙南县里仁镇冯湾村冯兴围

冯兴围位于里仁镇北部约 1 公里的田垅中，村中原有冯氏建的围屋。冯氏外迁后，当地钟氏开基祖钟满宝于明代中期从福建长汀迁此定居，所有营建仍沿用"冯兴围"之名。因为始祖于明代迁来，所以相传冯兴围始建于明代。据族谱记载，冯氏后人于清光绪二十六年（1900 年）对围墙和大门进行了较大规模的修缮，故门屋墙上刻有"光绪二十六年修"的字样（图 7-6）。

图 7-6 龙南县里仁镇冯湾村冯兴围鸟瞰

冯兴围占地面积约 7000 平方米，坐南朝北，围合方式也是既有围墙也有护房，外围墙均为混杂河石的夯土墙，转角处以眠砖加固。四角均设炮楼。围门有大小两座，大围门在北墙中部，朝向东北开门，门前方有池塘。小围门在西南角的炮楼旁（图 7-7）。

图 7-7　龙南县里仁镇冯湾村冯兴围建筑组成

　　由大围门进入，经建筑夹峙形成的甬道行进约 20 米，有门楼一座，功能相当于祠堂的门屋，门为砖拱门，内部东侧山墙设神龛、供台，祭祀社神。后墙设屏墙，亦有供桌，祭祀对象不详。两侧开门洞。出门屋即祠堂前院。祠堂位于全围中部，朝北，规模较小，仅一进厅堂。祠堂两侧的住宅以横屋对堂屋的逻辑排列，祠堂前后的住宅则与祠堂同一朝向排列，但建筑多为独栋，彼此之间少有连接。围内建筑密集，间距小，建筑质量差，除外围墙外，其他所有建筑均为土坯砖山墙承檩。所以尽管此围建筑仍基本完好，已无人居住。

3. 龙南县里仁镇正桂村新屋场围

　　正桂村位于濂江左岸，与著名的栗园围隔江相望。该村李氏开基主李大伦、李大滨于明嘉靖年间（1522—1566 年）从本县横岭迁此建村。新屋场围系该村老屋围的李氏分居而来，占地面积约 6000 平方米，围门和祠堂朝向东北方向，围屋东部有座海拔超过 400 米的山，名叫"笠麻寨"，是正桂村老屋围的靠山，故新屋场围围门和祠堂偏向东面，朝向濂江，避开笠麻寨高峻的山峰（图 7-8）。

图 7-8　龙南县里仁镇正桂村新屋场围背面鸟瞰

　　新屋场围的围合方式也是既有围墙也有护房。原有炮楼四座，现仅剩一座。围前有池塘，现景观已园林化（图 7-9）。祠堂二进，位于中部，住宅大致呈对祠堂环绕之势排列。围内祠堂周围有大片空地，与十分拥挤的冯兴围非常不同。因为排列方式松散，当地人称之为屋场。

图 7-9　龙南县里仁镇正桂村新屋场围正面鸟瞰

4. 龙南县龙南镇新都村寿星围

　　新都村寿星围位于龙南县城南面，渥江南岸的田垄中。当地开基祖廖振伦于明末从本县大罗江下迁此定居。寿星围始建年代不详，坐北朝南略偏东，形如卵石，坐落在一个缓坡上。建筑外部三面由三个不规则的椭圆形水塘包围，形态十分别致（图 7-10）。全围占地面积约 3300 平方米，属小型围寨，但内部空间紧凑而有逻辑，系由一圈完全连续的建筑围合而成，内建四座建筑，前为祠堂，后为住宅，因此既不像新屋场围空空荡荡，也不像冯兴围密集混乱。设围门两处，正门在南侧中部，东侧另有一个小门。

图 7-10　龙南县龙南镇新都村寿星围正面鸟瞰

　　穿过门屋，即为二进祠堂，堂前有进深约 5 米的晒坪。祠堂后还有两排住宅。在一般的围屋或围寨中，围屋间的进深都比较浅，约 5 米，而在寿星围，围合围屋的围屋间是围内主要的居住建筑，进深约 7~10 米，各家房屋依据自家需求决定建筑的高矮宽窄，围内建筑之间最近的地方约 0.6 米，最宽的地方还够在一层围个小院。总之行走于围中，如同行走在一个村落中，而不是一座建筑中。

　　围内地面为卵石铺地，石砌排水沟。建筑为土木结构，围寨外墙基部位为河石砌筑，砌至约 1.5 米高，上部有约 0.6 米高的夯土墙，其上为土坯砖墙。也有的用河石砌至 2 米左右，上部为土坯砖墙。

5. 龙南县临塘乡黄坡村老围

临塘乡黄坡村坐落在渥江自西而南环抱的山谷中。村落左右砂山气势不凡，东有盘古山矮寨岭，西邻西坑鹅颈岭。村中曾建有一座水陂，陂两岸种有许多黄竹，故名"黄坡"。明代中期，村落开基祖谢文斌从安远县迁此定居。关于此围的来历有各种传说，一般认为是村中早期的建筑。据村中耆老介绍，此围原为钟氏所建，其人在广东做木材生意时偶遇了一位饶平县的木工师傅，替他出谋划策，建起了这座圆围，后转卖给谢氏。

老围占地面积约 2400 平方米，坐北朝南，整个外轮廓接近椭圆形，仅南端开门处拉成直线（图 7-11）。围外设一圈宽近 1 米的水沟。据村民介绍，造围顺序是先造外围墙，墙基厚达 1 米，再沿墙建筑房屋。唯一的围门在南侧中部，是城门规则的微缩版，上有城楼，下设券门。沿围门进入围内是一条笔直的道路，直通尽端二进的祠堂。道路两侧均为住宅（图 7-12）。

图 7-11　龙南县临塘乡黄坡村老围正面鸟瞰

图 7-12 龙南县临塘乡黄坡村老围背面鸟瞰

6. 龙南县临塘乡老镇村河唇和顺围

老镇村河唇位于黄坡村老围西南约2公里,面对渥江,因此得名"河唇"。曹氏明代中叶从杨村迁此定居。和顺围为曹氏后人所建,建造年代不详,布局主要以一圈轮廓形似耳朵的围屋包裹其中的建筑,祠堂位于中部偏西一侧(图 7-13)。围门位于西南部。后世又陆续围绕着其外轮廓扩建,占地面积约 6500 平方米,防御性不强(图 7-14)。

图 7-13 龙南县临塘乡老镇村河唇和顺围总平面

图 7-14 龙南县临塘乡老镇村河唇和顺围鸟瞰

7.2 定南县的围寨

1. 定南县岿美山镇三亨村陈氏上围

岿美山镇三亨村位于定南县的西南角，与广东省和平县丰溪村仅一山之隔。陈氏上围的始祖于明万历年间由广东和平上陵迁来。

陈氏上围坐东北朝西南，占地面积约 4200 平方米。它建在一处孤立高地上，四周均以大块河石砌筑挡土墙，高差超过 3 米，是一座真正的城堡。一条坡道从南面向西盘旋上到围门，是江西客家地区仅见的做法。门屋位于南部外侧偏西位置，祠堂位于围内南部偏东位置，两者好像有意错开，与客家建筑门屋与祠堂通常形成轴线关系的做法相异。围内建筑组合方式大致可描述为居住建筑以横屋和枕屋方式环绕祠堂布置，但都为独立的、尺度各异的建筑，除外圈围屋外，其他各建筑间并不相连。祠堂为二进上下厅，山墙均加披檐，接近歇山顶效果，类似山中庙宇，亦为江西客家地区仅见（图 7-15）。

图 7-15　定南县鹅美山镇三亨村陈氏上围正面鸟瞰

　　最外侧墙壁由河石砌至 2 米以上，再用土坯砖砌，石墙外壁上有射击孔。外墙朝向开阔田野方向的部分也常在上层设吊楼。围内某些房屋地面开洞，通往有石壁外墙的半地下室，可以躲藏瞭望，也可反击外来袭击，防御性极强。历经岁月，建筑与环境几乎完全融为一体，好像从地上长出来一样（图 7-16）。

图 7-16　定南县鹅美山镇三亨村陈氏上围侧面鸟瞰

2. 定南县龙塘镇龙塘村黄沙坑钟氏围

龙塘村黄沙坑钟氏于清康熙末年从本县车步官桥头迁此定居。钟氏围坐东朝西，占地面积约1500平方米，是极小型的围寨（图7-17）。建筑基地为一缓坡土台，东西方向高差约2米。围门在西端，朝西偏北开门。入围门即为祠堂，建筑轴线与门屋轴线仅略有偏离，但祠堂大门却凹入，将门的轴线转向西偏南。祠堂两进，山墙承檩，砖砌天井，明沟排水，是非常简陋的做法。围内其他房屋，除最后一道围屋外，均与祠堂相垂直排列（图7-18）。

图7-17　定南县龙塘镇龙塘村黄沙坑钟氏围正面鸟瞰

图7-18　定南县龙塘镇龙塘村黄沙坑钟氏围背面鸟瞰

外围建筑为夯土墙，包括祠堂在内的围内所有建筑均为土坯墙砌筑。围内地面为河石铺地。

3. 定南县历市镇恩荣村村头张氏围

历市镇即今定南县县城，恩荣村所在位置已划入城区，笔者去调查时，村头张氏围已大部分拆除。

村头张氏于明成化年间（1465—1487 年）从福建迁至定南热水圳定居，于明万历年间（1572—1620 年）迁到恩荣村村口。张氏围占地面积约 3700 平方米，外轮廓呈不规则弧形（图 7-19），包裹东西两侧各一组的堂屋横屋组合式建筑。现仅存南侧一围门（图 7-20），及一段南侧围屋。现存围内建筑及外围墙均为土坯砖墙，围内路面没有铺装痕迹，围屋外侧有排水沟，建筑质量较差。

图 7-19　定南县历市镇恩荣村村头张氏围外景

4. 定南县鹅公镇陂坑村叶氏围寨

鹅公镇陂坑村位于定南县东部狭长的山坑中，村民们依靠耕种在山坡上开垦出来的梯田种水稻，兼产松香谋生。

图7-20 定南县历市镇恩荣村村头张氏围围门外观

陂坑村的"上陂坑"小组为当地叶氏的聚居地。据当地《叶氏族谱》记载，叶氏于明成化年间由安远县车头迁来。在这里他们因地制宜，又极富创造力地建设自己的家园，民居形式几乎包括了大部分客家民居的空间组合类型。如有两圈方形围屋围绕堂屋而形成的围屋、有二堂五横的大型横屋堂屋组合式建筑、有二堂二横的横屋堂屋组合式建筑加角楼而形成的围屋，也有一堂一横的小型横屋堂屋组合式建筑，以及四扇三间、四合中庭型等小型建筑，许多建筑均已陆续拆除，特别是规模较大的横屋堂屋组合式建筑和围屋。

其中几个组合方式较自由的建筑，笔者称之为"围寨"。它们均依山而建，坐西北朝东南（图7-21）。

"合院式围寨"，占地面积约为500平方米。组合方式为四坡顶两层条状建筑，加上前部一不规则略呈弧形的两层条状建筑为主体，其两侧加上连廊组成的院落式民居建筑。出入口位于建筑西南角。在北面两层建筑的中部有祖厅，这样一栋条状建筑在当地叫"屋排"，位于它南部的两层建筑因地形的高差及自由的形态，形成了这座建筑中的主次关系。

"围垅屋式围寨"，占地面积约为2000平方米。组合方式为二进堂屋与两侧的居住建筑为主体，外侧包围着依山而筑的横屋和后枕屋，前围院墙和舍屋，院门朝东。它与围垅屋的空间组合上有类似之处，但完全没有要设置"龙厅"的概念（图7-22）。

图7-21　定南县鹅公镇陂坑村叶氏围寨鸟瞰

图7-22　定南县鹅公镇陂坑村"合院式围寨""围垅屋式围寨"鸟瞰

"弧形围寨"，占地面积约为 1100 平方米。组合方式大致为不规则弧形围屋环绕中部二进堂屋，但受地形所限没有完全围合（图7-23）。

图 7-23 定南县鹅公镇陂坑村"弧形围寨"鸟瞰

8 村围和村城

　　村围和村城都是具有显著防御性的乡村聚落。本书将村民们自主建设的围村称"村围"，将得到政府支持或允许建设的围村称"村城"。

　　村围和村城的渊源一般认为来自汉代坞堡，但究竟何时出现于江西客家地区，尚待考证。部分文献认为于都县葛坳乡澄江村的谭氏小城始建于南宋末年，是江西现存历史最久的村城。该村位于于都县北部与宁都县交界处的丘陵山谷中，坐西朝东，西北、东北各有一条小溪在村前汇合，一路南流汇入梅江。据《谭氏族谱》记载，谭文景于唐末从宁都昕柴岗迁曾子潭埠，宋初迁至澄江定居。当地传说文天祥之父曾执教于澄江，文天祥随父至此读书。成名后，为酬谭氏之恩，欲将村围城，因地盘小未遂，乃建四方大门。至 20 世纪末仍存东门。1993 年，韩振飞先生调查后，在论文《赣南客家围屋源流考——兼谈闽西土楼和粤东围垅屋》中记载：

　　"现整个村落仍保存有不完整的围墙，边长约 100 米 × 150 米，并开有东南西北四座门；类似于小城，小城北门的门匾镌刻有'皇宋淳祐三年眷友文天祥为澄江谭氏族立'和明天启五年，清雍正七年、道光三年，民国二年重修城门的铭文。"

　　"此小城的门匾是否为文天祥手书，笔者不敢贸然断定，但有一点可以肯定，那就是谭氏小城由来已久，并且历代都有维修。笔者曾在小城的祖公祠内找到了一块清代嘉庆年间的石碑，上载有：'吾族隶抚元宜黄，迁于乐安，自乐迁于，迄传世逾二十，历年亦几百。'根据碑文推算，谭氏迁居此地是在南宋宝祐年间，与门匾所记年代相符，可证谭氏小城在宋代已经存在。"

"如今的谭氏小城，已是清末民国所重建，故角楼已不复存在，但以建筑史的角度来分析，宋代的小城是应该带有角楼的。"

按淳祐三年即 1243 年，文天祥（出生于 1236 年）这时才 7 岁。在文天祥自撰的《纪年录》中，亦未提及其父或其本人此时有于都县之行。无论如何，一个 7 岁儿童，不大可能自称"眷友"为人立碑，当系伪托，不足为据。清道光年间所修《雩邑澄溪谭氏七修族谱》中村图显示，只见村门，未见村墙（图 8-1）。

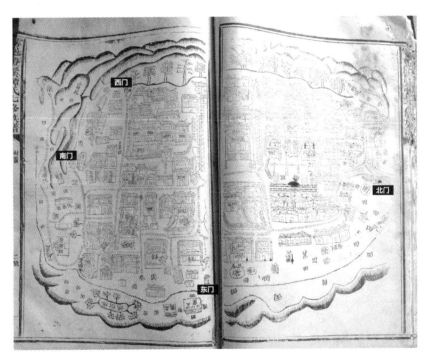

图 8-1　于都县葛坳乡澄江村村图
（图片来源：《雩邑澄溪谭氏七修族谱》）

综合各类文献及实地踏勘，江西客家地区村围出现的时间不早于明代中期，建设一直持续到清末。每当动乱频繁时，便是修筑高潮时，其规模一般在 1~2.5 公顷，建造和管理的主体均为单一姓氏的家族，村围中居住也主要为同一家族成员。少数村围可能超过一个家族，如左拔镇云山村曹氏围，有钟姓家族定居其中。

"村城"仅见于明代。其规模大大超过村围，一般面积在4公顷左右，建造的主体有官府与村民共筑，如会昌县筠门岭镇羊角水堡；也有在官府支持和认可下以家族为主体建造，如龙南县里仁镇新园村栗园围。

上犹县营前镇蔡家城是一座仅存于记载中的村城，位于上犹县营前镇东面的陡水水库淹没区。虽今已不存，但它的建造却说明了明代村城建造的许多典型特征。

营前镇位于上犹县西部，所在位置是罗霄山脉最大的盆地，宽度约2000~3000米。石溪河与平富河在其西南端交汇而成营前河，由西而东穿过盆地，注入上犹江。据光绪《上犹县志》，唐末虔州节度使卢光稠在此建兵营，宋朝赠封卢为太傅，故此地称"太傅营"，圩场称太傅圩。明正德年间蔡氏在太傅营前筑城，名营前城，此后太傅圩逐渐称营前圩。1956年因建陡水水库，将营前镇迁至现址。

据《蔡氏族谱》记载，蔡氏原居福建莆田，南宋时因为为官迁居江西南昌，至南宋末年，追随文天祥起兵勤王，遂又徙居吉水住岐下坊，之后再迁至上犹营县前村头里。明代，营前的蔡氏家族发展到极盛，富有之名远播。由于当地山高林密，匪盗出没，因此蔡家决定筑城自保。

据光绪《南安府志补正》记载，"明正德间，村头里贡生蔡元宝等，因地接郴桂，山深林密，易于藏奸，建议请设城池，因筑外城。嘉靖三十一年，贼李文彪流劫入境，知县吴镐复令生员蔡朝侑等重筑内城，浚濠池，砌马路。今城中俱蔡姓居住，城垣遇有坍塌，系蔡姓公祠及有力之家自行捐修。"

明天启年间上犹知县龙文光参观过蔡家城，并在《营前蔡氏城记》中有如下描述，"予治犹之初年，因公至村头里，见其山川清美，山之下坦，其地有城镇之，甚完固。既而寓城中，比屋鳞次，人烟稠密。询其居，则皆蔡姓也，他姓无与焉。为探其所以，有生员蔡祥球等揖予而言曰：此城乃生蔡姓所建也。生族世居村头里。正德间，生祖岁贡元宝等因地接郴桂，山深林密，易以藏奸，建议军门行县设立城池。

爱纠族得银六千有奇，建筑外城。嘉靖三十一年，粤寇李文彪流劫此地，县主醴泉吴公复与先祖邑庠生朝侑等议保障之策，先祖等又敛族得银七千余，重筑内城。高一丈四尺五寸，女垣二百八十七丈，周围三百四十四丈，自东抵西径一百三十丈，南北如之。"

这些记述说明，一、此城有内外二重；二、形如团状或近方形；三、为一个家族所建、所有、所居；四、向政府提出过申请，得到官府批准与支持。同时居住在营前镇的大族陈氏家族也想建城，据《陈氏族谱》记载，"明正德年间，流寇猖獗，欲筑城自卫而不果。其从王文成公征桶岗贼有功，旌为义勇指挥使者则瑄之第四子九颧也。"据传说建城申请没有得到官府的批准而未果。

这种在官府认可和保护下的营建，源于明正德、嘉靖年间，江西南部山区的"寇乱"达到高潮，大宗族的乡村聚落所能调动的社会力量和经济力量也积聚到一定程度，他们家族中有能联络官府寻求庇护的成员，又有村城建设和维护的财力，这都是村城营建的基础。同时说明政府对社会的控制和管理能力薄弱，因为事实上，村城与土匪的山寨有类似之处，容易形成不稳定的割据势力，所以此后这种村城的营建甚至再没有出现过。

8.1 村围

1. 石城县大由乡河背土围

河背土围位于石城县大由乡集镇区北部约 400 米处三面临河的小岗上，与之隔河相望。地处大由河汇入琴江河口，河道迂回，三面环水，仅东北隔接连陆地，状若半岛。据《大由河背曾氏五修族谱》记载，元初曾志交从宁都小源迁此。

河背土围占地面积约 2.4 公顷，坐北朝南，略偏西方向，始建年代不详。土围内南北长约 150 米，东西宽约 105 米。《石城县志》将其分类为"城池式建筑"。土围开有四门，即东门、上城门、小东门、西门。东门为正门，门框高 3 米，宽 1.4 米；上城门朝东北，基地与

陆地的唯一连接处，门框高 2.3 米，宽 1.25 米。城墙高矮及厚度概依
其所在位置而变化，自东门经小东门、上城门至西门一带，地处要冲，
城墙厚达约 2 米，高约 2.5 米至 3.1 米不等，墙上有宽约 1 米的走道，
走道两侧有女儿墙，外侧女儿墙厚约 0.7 米，内侧女儿墙厚约 0.4 米。
西门外，由西而南折至东门处，城墙厚约 1 米，高则约 5 米至 6.5 米
不等，外有宽约 10 米的带状深水塘作护城河，为防涉水来攻，于此
段墙上建角楼两座（图 8-2）。

图 8-2　石城县大由乡河背土围总平面
（图片来源：据谷歌地球重绘）

　　城墙为金包银砌法，外壁以三合土拌乱石筑成，内壁以砖石砌筑，
内外壁之间填泥土，墙上遍设木框八字形射击孔，墙顶有覆盖屋顶防
护，围内屋舍水塘俨然。1929 年，当地豪绅地主重修土围，据此与工
农红军为敌。1930 年农历正月初九，罗田游击队与邻近地区工农武装
合力攻克土围，毙敌 10 余名。20 世纪末，土围未拆时，围内还有约
40 户 200 人居住。今天土围已完全拆除，曾姓家族仍在此居住，该村
的住宅及祠堂建设用地范围仍为原土围范围。

　　河背土围位于一个开阔的丘陵盆地中部的河弯处，盆地宽度约 4
公里，琴江穿过盆地中部。基地虽三面环河，但大由河宽度仅十余米，

琴江临土围段属河弯外侧，所以此基地既不利于防守，也不利于建设，
这或许是曾氏先民们建设了如此坚固的村围的原因。

2. 大余县左拔镇云山村曹家围

云山村曹家围坐落在一处四面环山，但内部较平坦的狭长盆地中，
盆地宽度约 240~360 米，云山河自西往东从村边流过，村落东南部两
山自然形成狭小谷口，宽仅约 50 米，易于防守，是一个对古代农业
社会而言宜居的环境。

据民国十二年（1923 年）《曹氏族谱》记载，明宣德年间（1426—
1435 年），本县青龙镇曹允信迁到这里立基定居。嘉靖四十三年（1564
年）建起祠堂，之后数代又设若干分祠，随着人口增长，村中建筑不
断增加（图 8-3）。至清初发生匪乱，谱序《再述》称：

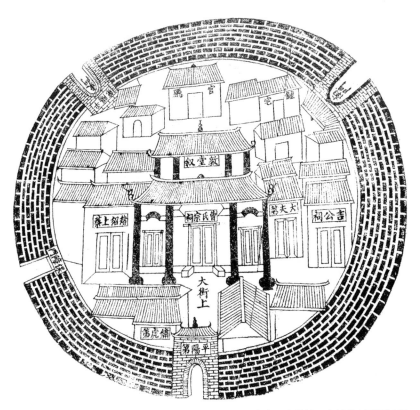

图 8-3　大余县左拔镇云山村曹家围居址图
（图片来源：《民国十二年修曹氏族谱》）

"康熙丙辰丁巳岁，草寇大作，万民涂炭。我正大之祖，生于斯时，父子离散，各自逃生。至庚申岁，贼寇尽灭，清治复盛。乃祖父方旋归故里，复聚族而居焉。于是辟土地，造房屋，丙寅年建祠宇于房居之中，甲戌秋筑墙城于边塞之外，名曰曹家围。"

按康熙丙辰即清康熙十五年（1676年），庚申为康熙十九年（1680年），丙寅为康熙二十五年（1686年），甲戌为康熙三十三年（1694年）。可知此围始建于1694年。

曹家围占地面积约1.2公顷，坐东南朝西北。《曹氏族谱》中有《大余云山曹家围居址图记》，记载甚详：

"当闻上古之世，民性浑噩，仅穴居而野处。中古之时，民智渐开始，上栋而下宇，此固居址之肇端，亦无以壮厥观瞻。迄周公制礼，作乐而后，制度大备。其栋也如鸟斯革，其檐也如翚斯飞。是居址，亘古及今，人所必需，随在皆有，毋需赘述。特举云山区，又名左拔，分立上下中三甲，方广数十里，四面皆崇山峻岭，茂林修竹，又有清流急湍，映带左右，足以极视听之娱。中甲有土围，明朝创造，以防御寇。数百年于今为烈。后因名曰'曹家围'。内建祠宇者，二大宗祠居中，系允信祠、敦叙堂。坐乾巽向巳亥。有通衢数丈，直到围门口。左建一支祠，西街筠吉堂吉公祠也。宗祠侧有巷路通出入，右比联来泰公栋宇，四面列屋数百楹。前向八仙脑有溪水绕来，自左而右回抱五山麓出水。狮形与塔领环绕万山而注之，江左有坪岗岭与五老山对峙。连有天竹山拥护拱照，后枕鸭子脑。层峦耸翠、巍峨挺拔。围门内稍右有古井甘泉涌出，以供缏汲。围外上下堂，鱼跃鸢飞。而南门亦有古井，连钟姓祠宇。东门有官厅，连五家学堂。兼有奉天保障门，栋宇罗立，皆筑室百堵。贵族之辟居于此，人才叠出，久为庾邑望族。而地灵人杰，诚非谬矣……"

据此可知，清末时曹家围共有四门，北门为正门，称"平阳第"，另有东门、南门，及北门与东门之间的"保障门"。现正门与南门仍保存完好，其他门已毁（图8-4）。

图 8-4　大余县左拔镇云山村曹家围总平面

　　围屋内部以两大宗祠居中，分别为此地开基祖曹允信的祠堂"允信祠"，及曹氏宗祠"敦叙堂"。沿宗祠轴线前方是一条大道直通北门，城内大道西侧有分祠"吉公祠"。祠堂周围有许多住宅，北门入口东侧有古井供围内用水。南门内也有水井，南门附近是钟氏的祠堂和住宅，东门附近有五家学堂（图 8-5）。

图 8-5　大余县左拔镇云山村曹家围西北面鸟瞰

曹家围外部前有溪水绕来，出自围屋朝山"八仙脑"。后有"鸭子脑"岭为龙脉，左右砂山则为西部的"坪岗岭"与东部的"五老山"（图8-6）。

图 8-6　大余县左拔镇云山村曹家围东南面鸟瞰

曹家围内部道路为河石铺地，道路两侧有石砌水沟，建筑部分为土木结构，部分为砖木结构。允信祠、敦叙堂、吉公祠均为二进有门廊布局，今均保存完好。住宅以四扇三间、六扇五间等小型建筑为主，或带舍屋院墙。村围围墙厚约0.8米，下部约0.5米为石砌，上部为夯土，顶部有坡屋顶护墙，墙高约3~5米。

3. 于都县马安乡上宝土围

上宝土围又称钟氏"宝溪围"，坐落在于都县马安乡上宝村。上宝村位于一个开阔的丘陵盆地的中央，盆地宽度约3000米，上宝河自北向南流经上宝村，沿村庄东侧环绕而过，在南部汇入银坑河。

据《宝溪钟氏族谱》记载，钟英郎，南宋人，原住兴国县竹坝园下，隐居不仕。因爱宝溪山水之胜，自兴国迁到于都布头（今桥头乡），其孙后又迁至布尾（今马安乡上宝村），认为上宝是个天然成局的风水宝地，又认为村前溪水所出之处是其龙脉，而定名为"宝溪"。

清咸丰年间(1851—1861年)，始建上宝土围，至同治三年(1864年)完工建成（图8-7）。据《宝溪钟氏九修族谱》中的《宝溪围序》记载，围墙"厚计一丈，有□□磐石之固；高逾数丈，无狼奔蚁附之忧；中广一□，有空隙可以进退，墙背护屋，有□□可以止栖"。《筑（宝溪）围驳地言明字》记载，围内方圆一华里半，生活设施完备。有东、南、西、北四门，东侧大门朝北开，为正门，有门楼，东北两侧有护城河。围墙转角处筑有6座碉楼（图8-8）。

图8-7 于都县马安乡上宝土围总平面

（图片来源：据谷歌地球重绘）

上宝土围占地面积约2.4公顷，村围围墙为金包银做法，中间夯土，外为砖石包砌，墙基部分宽度接近2米，墙高约4~5米，其上有坡屋顶护墙。

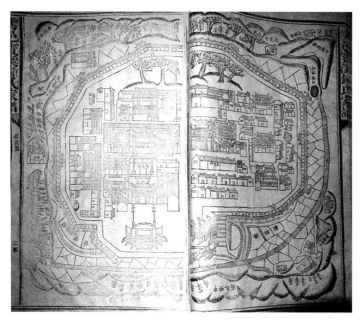

图 8-8　于都县马安乡上宝村居址图
（图片来源：《宝溪钟氏八修族谱》）

　　1933 年 1 月，工农红军第三军在此进行了艰苦卓绝的上宝土围攻坚战。红军攻围前，钟楷瑞的靖卫团和周围的土豪富绅躲藏其中，村中百姓也在围中，群众的无辜被困，令战斗平添了许多难处。于是红军采用"围而不攻"之计，果然土围内的人坐吃山空，没多久，弹药不够使，粮食不够吃，食盐也用尽，病人却越来越多，以致后来每天有数十人死亡。围内的靖卫团长钟楷瑞于是召集土豪富绅们讨论应对策略，并提出由富绅们提供巨饷作赏金，组成敢死队拼出条生路来，然而，富绅们守财成性，不愿出钱，于是钟楷瑞最终选择了投降。上宝土围之战胜利后，拔除了于都最后一个白色据点，使于都成为了苏区，并是主要根据地之一。

4. 寻乌县文峰乡东团村村围

　　文峰乡东团村位于寻乌县县城北面，离目前的县城建设用地边缘仅 200~300 米。因大门朝东象征"玉兔东升"以及部分外围屋间呈弧形而得名"东团"（图 8-9）。其开基祖刘元荣为明代中后期来自瑞金县的移民。

图 8-9　寻乌县文峰乡东团村村围总平面
（图片来源：据谷歌地球重绘）

　　东团村村围依其祠堂及大部分建筑的朝向为坐东北朝西南（图
8-10），占地面积约 1.6 公顷。该村围目前已拆，仅存宗祠和西门"绥
庆门"（图 8-11）。"绥庆门"的门楼上为一观音庙。

图 8-10　寻乌县文峰乡东团村村围祠堂前广场

图 8-11　寻乌县文峰乡东团村村围西门

5. 兴国县社富乡东韶村村围

东韶村位于兴国县社富乡集镇区东部一个小山谷盆地中，盆地宽度约 600 米。

据《东韶刘氏家谱》记载，唐末刘氏从福建长乐县迁居至赣州。刘彝的第三子刘才达随父来到宁都定居，后又迁至兴国鼎龙的长信里。其孙刘文达于南宋年间，由长信迁至社富东韶开基。

元代中后期村落初具规模，亲逊堂、贯道堂等村中主要祠堂都已建造。明代开始建村围。村围墙为砖砌，高 3 米有余，长约 250 米。墙上离地约 2 米高处，每隔 2~3 米就有一个长宽各约 15 厘米里窄外宽的射击孔、瞭望孔（图 8-12）。

图 8-12　兴国县社富乡东韶村村围全景
（图片来源：东韶村传统村落登记表）

东韶村村围坐南朝北,占地面积约 1.6 公顷,南部靠山,所以围墙设于其他三面(图 8-13)。门有四座,两座大门,一座朝北一座朝东,形式为单间牌坊式券门,门洞上方内外各有一块匾,上书"名宦世裔""行规还矩""蹈德咏仁""司农旧里"。另有两座小门,位于南部。

图 8-13　兴国县社富乡东韶村村围总平面
（图片来源：据谷歌地球重绘）

8.2　村城

1. 会昌县筠门岭镇羊角水堡

据《赣州府志》记载,"羊角水堡在会昌之南,南通惠之龙川,湘之程乡、饶平,东连汀之武平、永定,乃数邑之交冲,面赣之门户也"。其地是控制通往闽粤水陆通道的咽喉要地。明代中期之后,由于闽粤流寇对边民和过往商人不断掠杀,明成化十九年(1483 年)官府在会昌县筠门岭镇羊角村设羊角水堡提备所,设都司管辖会昌、寻乌、安远三县治安(图 8-14)。

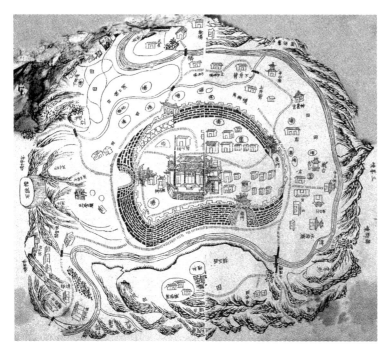

图 8-14　会昌县筠门岭镇羊角水堡村图
（图片来源:《鲜水周氏续绍吉州新修族谱》）

　　据同治《会昌县志》中《修筑羊角水堡城记》等文献,明嘉靖二十三年（1544 年）始修城墙,建羊角水堡。清顺治五年（1648 年）十二月,羊角水堡为广寇所破,垛口炮台尽皆颓塌。康熙四年（1665 年）,守备杜应元重修,加高垛口,添设警铺铳阁,至辛亥（1671 年）十月又修。康熙四十年（1701 年）守备车载廷、五十年（1711 年）守备冯友玉相继建仪门、大门。雍正五年（1727 年）守备奚世杰修二堂。之后历代有毁有修,现存的羊角水堡城墙基本上是在明代城墙的基础上保存下来的。

　　明嘉靖年间（1522—1566 年）羊角水堡驻军 50 人,到万历（1563—1620 年）初年增加到 500 人,万历末年为 360 人。清朝初年,兵员保持万历末年的数量,且有大量民壮弓兵,康熙（1662—1722 年）年间两次分别裁去马战、守兵 100 名和 7 名;雍正年间添设外委把总 1 员,改守备为都司。清朝末年,又裁去把总 1 员。至咸丰十年（1860 年）太平军攻破堡城,消灭 200 余清兵、1 督兵都司。

筠门岭镇羊角村位于贡水支流湘江西北岸，三面环水，一面靠山，形如羊角，故名。当地民谚曰："羊角水堡水弯弯，双狮滚球在西山，左狮右象把水口，魁星点斗在东山"。据记载，明代筑城时当地原有十八个姓氏，畲族兰姓居民所占比例很大，承担了七行城墙砖的工料费用。据《周氏族谱》记载，周场金从元兴石谭村迁入。之后，周氏家族发展迅速，堡内其他各姓逐渐迁徙，现堡内大多数人是周姓，但堡内也仍保留许多其他姓氏的厅堂、旧居（图8-15）。

图8-15 会昌县筠门岭镇羊角水堡总平面
（图片来源：据谷歌地球重绘）

羊角水堡是明代建立起来的一座军事所城，属会昌千户所，随着明王朝的结束，卫所制度的瓦解，羊角水堡也由"军民共戍"的所城转变为一个设有军事机构的单姓宗族村落（图8-16）。

羊角水堡占地面积约7.1公顷，城辟四门，东门为"通湘门"、南门为"向明门"、西门为"镇远门"，北门后於塞，各城门均建有城楼。城墙仅北部拆毁，大部分城段尚存。现有明代城墙861米和三座城门。其中以东门"通湘门"的城门与城楼保存最为完整，在门额上有羊角城建成时所刻的"通湘门"三个大字和"嘉靖甲辰岁仲冬吉旦立"的年号铭文。城楼面阔三间，总面阔约12米，进深约7米，歇山顶。

入口为券洞门，内有门两道，闸门石槽、安放横闩的石槽清晰可见。在东城门城墙上的墙体上还留有清康熙年间羊角河水浸城时，水位记录的刻铭。

图 8-16　会昌县筠门岭镇羊角水堡鸟瞰

　　城内道路体系还依稀看出建城时的设置，连接东西城门和南北城门的道路形成主干道，现还存街名"东街""大街""十字街"等。衙门设置在城中偏西方向，城隍庙设于南门口。城外南部有社坛，东北部有神农宫、东南部有水府庙。

　　城墙随地势弯曲延伸，西南、东北、东南转角处均为弧形，周长约 1100 米。城墙外侧为古驿道，宽约 2 米。城墙高约 3 米，底部宽约 4.2 米，顶宽约 3.6 米，砌法为"金包银"，芯为夯土墙，外包砌条砖，外包条砖厚约 0.8 米，墙体外侧收分 8°，内侧收分 6°，条砖规格 350 毫米 ×170 毫米 ×85 毫米。城墙顶部地面做法为灰土垫层，分两步夯填，上铺墁条砖两层；垛口墙条砖砌筑，高 1.8 米。

　　城内现在还保存着许多建于清代与民国时期的民居与祠堂建筑（图 8-17），其中有代表性的有"周氏宗祠"（图 8-18）"蓝氏祠堂""世能祠""绍福祠""芳公祠"等。

图 8-17　会昌县筠门岭镇羊角水堡内民居

图 8-18　会昌县筠门岭镇羊角水堡周氏宗祠

2. 南康县坪市乡谭邦城

谭邦城所在地谭邦村位于坪市乡集镇区东北部约 600~700 米处。所处地理位置东北为山区，西南为丘陵，中部沿溪两岸是河谷平地。其位置是南康县与遂川县的交界处，是古时赣州、南康北上吉安、南昌的陆路上的必经之路。该路自唐江往北延伸，途经十八塘、麻石井（今横市镇）、山东坳（今属坪市乡），再过谭邦村到隆木桥（今隆木乡）

而到遂川，沿途山高路陡，崎岖难行。

关于谭邦村的开基祖有两种说法，一种为"谭彦祥元末明初从湖南茶陵县迁此"；另一种为"谭氏先祖循官二郎自龙泉（今遂川县）迁往谭邦村开创基业"（图 8-19）。

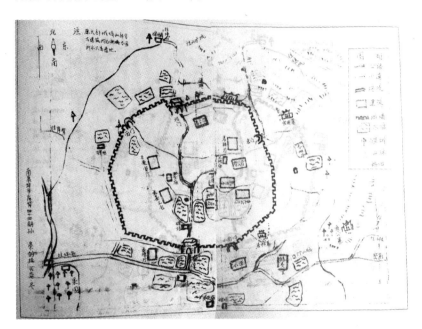

图 8-19 南康县坪市乡谭邦城村图
（图片来源：《谭氏六修族谱》）

据《谭氏族谱》记载，谭邦城始建于明正德十二年（1517 年），因谭邦村人谭乔彻，追随王守仁平定桶冈、横水等地山贼，协助王守仁建立崇义县治，有功不仕，王守仁奏请明武宗恩赐谭邦立城，谭氏族众捐资建造的一座谭氏村城。谭邦村以"谭邦"命名缘由是明清时期，南康北乡一带对某一姓氏聚集村落的俗称。"谭邦"作为村名又因"谭邦城"的长期存在而沿用至今。

谭邦城遭遇了明末和清康熙年间的"三藩之乱"等兵燹之后，至清乾隆十二年(1747 年)已倾圮，但是基址犹存。咸丰丙辰年(1856 年)，太平军入村，谭邦村几乎遭受了灭顶之灾，大量宗祠和民房被烧毁。现仍存一座村城门（图 8-20）、西门外城墙一段和十余栋历史建筑（图8-21）。

图 8-20 南康县坪市乡谭邦城南门
（图片来源：谭邦村传统村落登记表）

图 8-21 南康县坪市乡谭邦城西门外城墙
（图片来源：谭邦村传统村落登记表）

　　谭邦城占地面积约 4.35 公顷，按其族谱绘图，谭邦城共有五座城门，东、西、南、北门及小南门。城内以连接城门为主要道路骨架，南门通北门道路为主干道，路两侧有池塘，路上有牌坊（图 8-22）。

图 8-22　南康县坪市乡谭邦城总平面
（图片来源：据谷歌地球重绘）

除此之外，谭邦城更像一座普通的村庄，前临谭邦河，后枕网形山，村落团状的布局自比一"神龟"卧于该地，以达成"格局完整、山环水绕、负阴抱阳"之传统风水格局。村中建筑为祠堂、住宅，地方祭祀建筑如关圣庙、土地庙等，另有义仓一座。与一般村落并无二致。

3. 龙南县里仁镇新园村栗园围

新园村栗园围位于龙南县县城东部一个较为开阔的山谷盆地中部，盆地宽度约 1000~3000 米，濂江穿过该盆地，栗园围位于濂江北岸（图 8-23）。

据《龙南县地名志》记载，李申甫于明初从吉安文水迁到龙南县里仁镇定居。又据《李氏族谱》记载，明代弘治年间，李申甫七世孙李大纪、大缙迁至栗树园建房安家。

相传李大纪之子李清于正德十二年（1517 年）加入王阳明部属参与平定赣南匪乱，并在战斗中负伤。王阳明从府银中拨款给李清建房，并题名"栗园围"。还题写两副楹联："派从文水分来支流长远，支自栗园崛起根蒂坚深""世守诗书绵旧德，门标忠武仰前徽"。正德十三年（1518 年），龙南知县奉赣州知府何恍之令，在里仁大园子划良田百亩供李清公建围。经历 18 年，于嘉靖十五年（1536 年）栗园围竣工落成（图 8-23）。

图 8-23　龙南县里仁镇新园村栗园围鸟瞰

栗园围占地面积约 4.5 公顷，坐东朝西。相传栗园围的平面图形状就像一个八边形，围内房屋的排列走向均按照天干地支、阴阳八卦的布局建造而成，依阴爻阳爻卦象分有八八六十四条小巷，小巷有生门休门之秘，进入生门的巷道可遍游全围，走入休门的巷道则处处碰壁，无功而返，要看懂需要有大智慧。栗园围以石砌围墙围合，按八卦演化在东、南、西、北四个方向均建有围门，四周角落遍布有 12 个炮楼，围墙上凿有枪眼数百个（图 8-24）。

围内西侧有三口池塘，水田数亩和水井三口，形成"品"字，寓意"一品当朝"。李清以父亲李大纪和叔父李大缙的名字组合，将围内祠堂命名为"纪缙祖祠"。纪缙祖祠位于栗园围内中部偏南，五间三进，总面阔约 15 米，总进深约 40 米（图 8-25）。

图 8-24　龙南县里仁镇新园村栗园围总平面

　　梨树下厅位于栗园围内西门旁，相传这里原有一片很大的板栗树林，面积达数百亩，老百姓管这片板栗树林叫"栗树园"，在这片成千上万棵板栗树汇成的林海西部中长有几十棵梨树，这些梨树枝繁叶茂，花开时清香弥漫芬芳四溢，结果时硕大的香梨压弯了枝头，在郁郁葱葱的板栗树丛中形成了一块天然"梨园"，显得格外青翠惹眼，人们管它叫"栗树园"中的"园中园"。梨树下厅因建在原梨园的位置而得名。梨树下厅三间二进，总面阔约 11 米，总进深约 18 米。

图 8-25　龙南县里仁镇新园村栗园围纪缙祖祠

　　枕梠厅位于纪缙祖祠东部不远处。传说祠厅建成不久，村民们闹元宵舞完香火龙后，将香火龙抬在纪缙祖祠中厅放好，第二天起来发现香火龙都不见了，四处寻找，后来发现三条十余米长的香火龙不知怎么都到了刚建好的祠厅内。李姓族人猜想这里可能是神龙居住的地方，便欲将这幢祠厅起名"龙廷"。为避皇家的讳，再三斟酌后就给两字都加上李姓之上的"木"字，所以这座祠厅便有了"枕梠"的名字。枕梠厅三间三进，总面阔约 11 米，总进深约 28 米。

　　新灶下厅位于栗园围北侧，竣工于嘉靖末年，是围内最晚建成的祠厅。当时人称"新灶下"。因该祠子孙有人获得官身，又称"大夫第"。新灶下厅三间三进，总面阔约 10 米，总进深约 23 米。

　　上述"一祠三厅"是围内最重要的公共建筑，除了纪缙祖祠是独立建造的祠堂，其他三厅实际上都是居祀组合建筑的祭祀部分。"一祠三厅"东侧的巷道称为"八卦巷"，分上巷、下巷两段，迎亲嫁女等"红事"走上巷与"一祠三厅"相连，生人故世等"白事"则走下巷。

　　围内住宅以四扇三间、六扇五间等小型建筑为主，"一祠三厅"为砖木结构，住宅部分为土木结构，部分为砖木结构。围内地面及排水沟均河石铺砌（图 8-26）。无论就历史文化、建筑质量和围屋规模而言，栗园围在赣南村城中都首屈一指。

图 8-26　龙南县里仁镇新园村栗园围围内景观

4. 大余县明代村城群

　　明代中后期在南安府大庾县境内建起了一系列村城，全部位于开阔的大庾盆地中部，沿章水分布（图 8-27），均位于海拔低于 200 米的平原岗地。大庾盆地宽度约 5000~9000 米，章水自西南向东北流过，是大运河—长江—鄱阳湖—赣江—珠江国土南北大通道上的重要段落。这一带地理位置易攻难守，建造具有较强防御能力的村城出于实际的军事和治安需要（图 8-28）。

图 8-27　大余县明代村城分布

（图片来源：据大余县地图重绘）

图 8-28　大余县大庾盆地

万历《重修南安府志》对这些村城的来历有确切记载（图 8-29）：

"新田城，在（大）庾北四十里，嘉靖四十四年乡民具告申详院道给官银，及各民捐资筑建，周围一百一十七丈，东西二门，内有官铺。

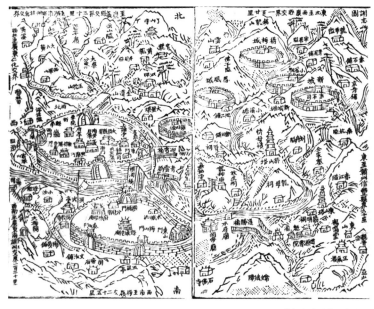

图 8-29　《南安府志》城池图

（图片来源：光绪《南安府志》）

"凤凰城，在新田城五里，近凤凰山，故名。嘉靖四十四年乡民建。……计周围二百六十丈，厚丈，高一丈六尺，门三，上有楼三。

"杨梅城，在凤凰城西十里杨梅村，嘉靖四十四年乡民建，计周围二百五十丈，高一丈七尺，东西皆民池塘，北近官溪。

"小溪城，在杨梅城北十里，小溪驿在焉。……嘉靖三十五年乡民建，计周围二百三十丈，开四门。

"峰山城，在小溪城北十五里。峰山里民素善弩。正德丙子，都御史王文成选为弩手，从征徭寇。事宁民恐报复，诉恳筑城自卫，许之。"

另据同治《南安府志》记载："九所里城，在小溪城东五里。原有屯军耕种其中，嘉靖四十四年屯军筑，今废。"

可知这六座城的建造过程，始于正德丙子年即正德十一年（1516年），大兴于嘉靖四十四年（1565年），前后持续约半个世纪，但此后即告停止。1516年正是王守仁受命出任南赣巡抚、开始平定当地动乱的第一年，而1565年则是东南沿海的倭寇被最终消灭的年头。在上述六城中，新田、凤凰、杨梅、小溪和峰山五城均为乡民建，是真正的村城；唯九所里城为军屯城。

新田城，在今大余县青龙镇二塘村，据《大余县志》记载，民国二十二年（1933年）粤军拆去城砖，城始废。现场调查时，村民介绍说，由于河流改道，部分历史城址已被淹没，东南城门在二塘村南侧的河道中央，西门外就是二塘圩。一位72岁的畲族蓝老先生介绍说，小时候还能见到残墙，村民陆续拆墙砖建屋，慢慢就没有了。村落周边还散布着古代城砖，但少有整砖，其他现已了无痕迹。另一位蓝老先生介绍说，他家的房子就建在城墙基础上，墙基宽1米有余，全是整青砖砌筑，无夯土，他家建房时，挖到城基因为挖不动就回填了（图8-30）。

凤凰城，在今大余县青龙镇元龙村，面积约3.5公顷，今存从东门到西门的官道，及部分墙基（图8-31）。据《大余县志》记载，民国二十二年（1933年），城被粤军第一军拆毁，仅剩残迹。现村中居民黄氏于明末清初由广东南雄迁来，之后叶、吴两族陆续迁入，建造村城的乡民究竟为何人已不可考（图8-32）。

图 8-30　新田城遗址现状鸟瞰

图 8-31　凤凰城大致范围

（图片来源：据谷歌地球重绘）

图 8-32　凤凰城遗址现状鸟瞰

　　杨梅城，在今大余县池江镇杨梅村，面积约 4.5 公顷，据《大余县志》记载，城建于黄土岭上，城有东、南、西、北 4 门，以南门为正门，杨梅河绕南门蜿蜒而过（图 8-33、图 8-34）。20 世纪 60 年代中后期，大部分城墙被拆除，现仅北部及东南角尚保存部分（图 8-35）。原来此处为朱氏居住，元末明初，王必泰由庐陵吉水迁此定居。现村中主要为王姓居民。村中主要建筑为王氏祠堂及民居。据《王氏族谱》记载，"阳明王公治理赣南时奏允建城"，"余邑建设九城……皆巡抚文成公所创居"（图 8-36）。

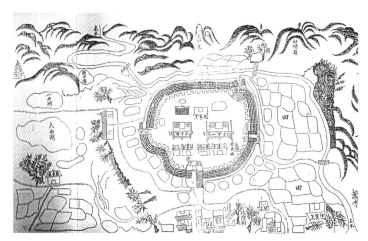

图 8-33　大余县池江镇杨梅村村图

（图片来源：杨梅村传统村落登记表）

图 8-34 大余县池江镇杨梅村总平面

图 8-35 杨梅城北城墙

图 8-36 杨梅城遗址现状北部鸟瞰

小溪城，在今大余县池江镇新江村，现村中最早迁入姓氏为于氏，明中叶由河南开封迁此，其间有吴、张、刘氏陆续迁入。据《大余县志》记载，面积约 7 公顷，城有东南西北 4 门，城门高 5 米，宽 2 米，城墙厚 0.7 米，墙两面砖砌，中间堆压夯土。城内有街 4 条，宽约 4~5 米，皆鹅卵石砌，古驿道由东门至北门穿城而过。民国二十二年（1933 年）被粤军拆除，仅留数尺城墙残迹。

峰山城，在今大余县新城镇镇区。据《大余县志》记载，乡民初为防卫用，后辟为圩市。清雍正元年（1725 年），乡人捐修官路及河埠码头。乾隆五年（1740 年），又捐建通衢大街及风雨亭。城狭长，南濒章水，面积约 5 公顷。为扩建圩镇需要，城墙被陆续拆除。

九所里城，又名九锁城，在今大余县池江镇九水村。据《大余县志》记载，城长约 50 米，宽约 40 米，面积约 0.3 公顷，在所有六座城中规模最小。城墙高约 2 米，系青砖混合石灰砂浆砌筑，1980 年尚保存完好，但城门已毁，仅余 6 块红长条石砌筑的台阶 8 级。城东南有古榕树一株扎根城基。九所里城为屯军所建，今九水村各姓氏村民迁入时间均晚于建城时间。

9 围屋

　　围屋是集居、祀、堡三种功能于一身的大型围合型、防御性传统民居建筑，以生土、砖石、木材为主要建筑材料，一般均在二层以上，所以有时也称"土楼"。

　　文献记载中的围屋，最早见于明末，据同治《安远县志》记载，"（崇祯）十五年，阎王总贼起，明年入县境，攻破诸围、寨，焚杀掳劫地方，惨甚。"最早的官方对这一类型建筑的定义见康熙《兴国县志》中的《激水志林》，"土围，里民筑以避寇，如古之坞堡，闽广称之曰砦。"有具体建造时间的围屋中以龙南县杨村镇乌石围最早，始建于明万历年间（1563—1620年）。因此可以认为，围屋这种类型的建筑出现于明代中后期。

　　从明末至清初，江西经历了约三十年的战乱，对防御性的需求非常强烈。建造围屋逐渐成为风气，各地分别作出探索，型制各异。如始建于清顺治七年（1650年）的龙南县杨村镇燕翼围、始建于康熙十五年（1676年）的安远县孔田镇下魏村火砖围。这些围屋不仅建筑质量高、防御性突出，在艺术风格上也简练大气，没有豪华装饰却自有一番庄严气度。

　　康熙二十年（1681年），三藩之乱平定，此后江西进入一个较长的社会相对安定、经济逐渐恢复的时期，至清代中期以后，围屋型制逐渐成熟定型。这一时期所建围屋规模最大，质量最高，如始建于嘉庆三年（1798年）的龙南县关西镇关西村关西新围、始建于道光十二年（1842年）的安远县镇岗乡老围村东生围。

清晚期之后，社会动荡，又形成了一个建围屋的高峰时期，如建于清咸丰六年（1856年）的龙源坝镇雅溪村土围、建于光绪十一年（1885年）的雅溪村石围，建造原因即为"造围屋一所，方能保守身家财物"。这一时期所建围屋的防御性更强，建于清咸丰年间的龙南县杨村领东水围，围内天井全部用铁丝网罩住，即使外人上了屋顶也进不了围内。

围屋是江西客家民居中最具代表性的类型之一，虽然形式多样，尺度规模跨度也相当大，但形成了一整套建造规律，产生了高辨识度的外部形象，从而演变成一种地方风貌特征。

在选址与布局上，重视当地"形势派"风水学说的运用，选择山环水绕、向阳避风、临水近路的场地作为屋址，在组织围屋形体、空间轴线特别是入口轴线时特别注意与周边自然山水建立对应关系，围屋及其周边普遍种植风水树、风水林，使围屋与自然环境非常和谐。屋前常有晒坪、池塘等配置，使建筑、场地与山川、林木、田野一起构成典型的人与自然相互关联的文化景观。

在结构与材料上，以墙体及木结构共同承重为主。结构大多数采用山墙承檩，在祠堂空间会局部采用穿斗、抬梁混合木构架。墙体做法外墙以砖石砌筑、生土夯筑、三合土石材混合夯筑为主，内墙以土坯砖砌为主。外墙上常有射击孔和瞭望口等防御性设置。四角还常设炮楼或炮角，形象封闭森严。

民国时期直至中华人民共和国成立初年，围屋这一类型的建筑仍然偶有建造，但呈明显衰落之势，这一时期所建围屋数量虽然极少，但偶尔建一座规模都不小。如建于1938年的龙南县南亨乡圭湖村财岭围占地面积约4000平方米；1934年被烧毁，1950年重建的安远县孔田镇高屋村坝子围占地面积约3000平方米（图9-1）。最令人惊叹的是定南县岿美山镇新建村，1953年两支黄氏分别由附近的三亨村新屋排和上山迁此定居，他们兴建了三座建筑，一座是二堂六横的横屋堂屋组合式建筑，另二座都是围屋，二座围屋占地面积分别为约3600平方米、2800平方米（图9-2）。

图 9-1　安远县孔田镇高屋村坝子围鸟瞰

图 9-2　定南县岿美山镇新建村鸟瞰

民国时期国家处于战乱，而二十世纪五六十年代是中华人民共和国的初创时期，个人经济上都不可能十分富裕，可是却能轻而易举地盖起一座大围屋，说明生产力水平较之过去有了很大提高，更重要的是它能说明围屋的消亡不是经济原因，而是农业社会的家族组织方式。

据黄浩先生报道，江西境内最晚建设的围屋是建于20世纪60年代的安远县镇岗乡赖塘村的花鼓桥围，规模也十分巨大，占地面积接近5000平方米，这是为了适应当时的公社式生活而建，但终因不受群众欢迎，在建成部分之后即告停工，始终没有完成。

江西的围屋主要分布于赣南地区，据约十年前的统计资料，江西现存围屋约600~700座，其中半数以上位于龙南县境内，其余分布在定南、全南、安远、信丰、寻乌等县。在这次写作过程中，我们调查发现近几年又有半数以上已被拆除，如1989年出版的《石城县志》中记载了4座当时仍存的县内著名"土楼"，现已全部拆除。2008年出版的由当地政府组织编写的《龙南围屋大观》《定南客家围屋》，其中记载的许多围屋，现在也有许多全部或部分拆除。围屋不仅仅是一种传统的住宅类型，它也是一种生活方式的组织形式，一种生存状态的表现形式，而这种生活方式和生存状态早已随时代逝去，所以它逐渐消亡是符合自然规律的。

学术界对围屋的分类一般为"方围、圆围、不规则围"及"口字围、国字型、回字围"等，主要基于对围屋平面形式的直观观察。本书基于客家居住建筑的空间组织规律，通过对围屋建筑组合方式的分析，将其分为以下五类：以祠堂为中心形成的围屋、以居祀组合型建筑为中心形成的围屋、"四合中庭"型围屋、横屋堂屋组合式围屋和排屋堂屋组合式围屋。

上述分类不涉及形状，围合围屋内部建筑的外围屋可以是圆形，如龙南县杨村镇坪上村窝仔围（图9-3）；也可以是方形，如定南县老城镇黄砂口村老围（图9-4）；也可以是不规则的，如龙南县关西镇关西村田心围（图9-5）。

图 9-3 龙南县杨村镇坪上村窝仔围总平面

（图片来源：据谷歌地球重绘）

图 9-4 定南县老城镇黄砂口村老围鸟瞰

图 9-5　龙南县关西镇关西村田心围鸟瞰

2008 年福建土楼被列入世界遗产名录，以其圆形轮廓获得了强烈的视觉冲击力。此后，江西是否也有类似的圆形围屋，成为社会普遍关注的问题。据万幼楠先生报道，定南龙塘镇长富村圆围（图 9-6），是江西唯一一座接近福建圆楼的围屋，由两圈环形围屋组成，圆心处小院直径约 8 米，内侧环形围屋进深约 5 米，一层高约 3.4 米；外侧环形围屋进深约 7 米，三层高约 8 米。建筑整体直径约 70 米，祖厅位于内侧环形围屋，与入口在一轴线上。建造者为马姓福建移民，建造时间约为清初，后因受外姓人欺压而迁走，于是圆围被黎姓占有，现此围已拆。其他的圆围都只能认为其轮廓是近圆形，离真正的圆形都有较大差距，建筑规模越大，差距越明显。如定南县历市镇修建村何氏老圆围（图 9-7），由两圈环状围屋包围着内部一组三进堂屋及与之相连的居住建筑组成，南北直经约 90 米，东西直径则约 87 米，更像一个团状而不是圆形。此围因建筑质量差现已拆除，而与之同处一村的方形围屋明远第围则为省级文物保护单位。就形状而言，江西客家围屋以方围为主。

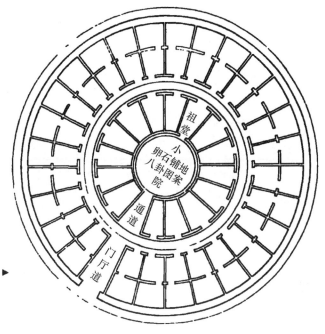

◀ 定南县龙塘乡长富村
圆围平面

定南龙塘乡长富村圆围剖面 ▼

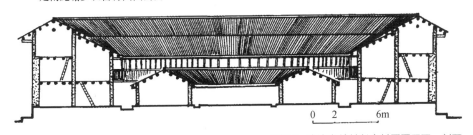

图9-6 定南龙塘镇长富村圆围平面、剖面

[图片来源：万幼楠.赣南客家民居"盘石围"实测调研——兼谈赣南其他圆弧型"围屋"
民居[J].华中建筑，2004(4):128.]

　　多数围屋以一座堂屋为中心组织空间，也有一些围屋内有两座祠
堂，如广昌县驿前镇观音咀围屋（图9-8）。这座围屋形式十分独特，
中部是两座二进堂屋，堂屋两侧有三道横屋，前端有半圆形倒座，入
围前庭部分是半圆形水池（图9-9），之所以形成这一水庭是因为围屋
紧临盱江而建，地势低洼，原来在此处就有池塘，于是将其因地制宜
地纳入围屋布局（图9-10）。此围屋为当地大族赖氏家族所有，两座
祠堂中一座系大房祠，另一座系小房祠。虽然围屋无人居住，但其中
的祠堂直到最近仍在使用。

图 9-7　定南县历市镇修建村何氏老圆围总平面

（图片来源：据谷歌地球重绘）

图 9-8　广昌县驿前镇观音咀围屋鸟瞰

图 9-9　广昌县驿前镇观音咀围屋围内景观

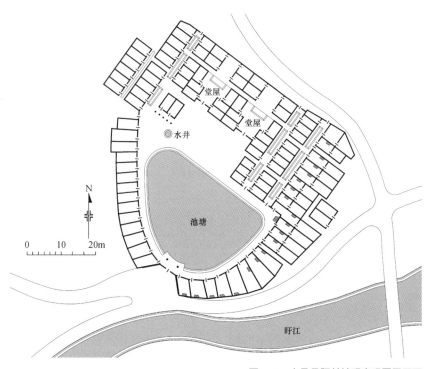

图 9-10　广昌县驿前镇观音咀围屋平面

　　虽然大部分围屋属于一个单独的家族，但偶尔也有数姓合建围。
如龙南县桃江乡洒源堡的十姓围，相传为刘、黄、何、谭、肖、温、朱、池、江、毛等十姓合建，后来取其谐音，这十姓被说成了"硫磺火炭硝，瘟猪撕光毛"，即吵架斗殴之事天天有。现在"十姓围"已基本倒塌。

定南县龙塘镇忠诚村团龙围是一座目前保存状况还不错的三姓合建围。此围始建于清嘉庆十一年（1806年），由胡、郭、钟三位异姓结拜兄弟合建，历时五年建成。团龙围坐落在一个山谷缓坡地段，九曲河的支流在围屋东侧流过。建围之初，风水先生堪舆场地之后确定方位，"须背靠西面的草牛崇龙脉，厅堂正门朝东，大门朝北，则子孙人丁兴旺富贵大发"。于是三姓兄弟建成了一座以方形外围屋环绕中部坐西朝东的厅堂的围屋，四角有炮楼，围门位于外围屋北偏东位置，向北开门（图9-11）。以堂屋坐向为围屋坐向，则其靠山为所处环境中最高峰，左右山形则呈砂山格局。九曲河的支流由西北向东南流去，另有一山溪由西向东汇入东面九曲河的支流，围门朝北，就将这条山溪纳入围屋的环境建构，形成"只见财来，不见财走"的上佳格局。围门上原有对联"两水合流居接团龙绵世泽，面朝猴崇背靠草牛振家兴"。围屋建成之后，果然如风水先生预言，三户人家丁财兴旺，又在南部加建了两个院落、一座炮楼。虽然现在围中住户已经全部搬出另建新居，但由此可见多个家族合建的围屋在一定条件下也有生存空间。

图9-11 定南县龙塘镇忠诚村团龙围围门一侧鸟瞰

9.1 环绕祠堂形成的围屋

在属于新石器时代的陕西西安半坡遗址中，人们发现每个居住片区内都有一座大房子，许多小房子围绕在它周围。考古学家们推断，大房子可能是氏族首领的住所，同时也是氏族成员议事的地方，这是大家族共同生活所要求的空间模式。之后的陕西临潼姜寨遗址则更为规则化，建筑分五个组群，每一个组群中央有一座大房子，四周由二十余座小房子环绕，大小房子开门方向一致，使一组看似杂乱的房子有了一个共同的朝向。这种空间组织模式虽然是聚落尺度的，但当它投射到大家庭的集体居住状态，就成为围屋的原型。

事实上所有的客家"居""祀"组合建筑均由居住空间拱卫祭祀的厅堂而形成，其最基本的方式之一，即为居住功能的建筑环绕一座祭祀、议事功能的建筑。其他发展成熟的客家建筑类型，如五凤楼、圆形土楼，都有许多居住建筑环绕祠堂的范例，如永定县高陂镇上洋村遗经楼、永定高北承启楼等。环绕建筑的形式可方可圆，但空间的本质是一样的。

1. 寻乌县吉潭镇圳下村恭安围

吉潭镇圳下村位于寻乌县东部偏南的丘陵地带，甲溪从村南流过。当地刘氏开基祖刘子裕明代后期从广东迁此定居。

恭安围为刘氏后裔所建，由二层的方型围屋包裹着中部一进的堂屋而形成。坐西朝东，略偏南，面阔约 35 米，进深约 33 米。型制与围屋形象都古朴正统（图 9-12）。

恭安围外围屋间进深约 7 米，四坡顶，屋角略有起翘。外墙基部约 1 米高为砖砌体，其上为夯土墙，围内侧围屋间则均为土坯砖墙。全围设门一座，位于东部正中，围门外侧为砖砌拱券，厚约 0.2 米，内侧为夯土墙上开长方形门洞，券门与长方形门洞之间有"恭安围"门匾。围门有二道，闸门和便门。

围屋四周有河石砌水沟，深约 0.4 米。围内室内地面为方砖铺地，室外为河石铺砌。

图 9-12　寻乌县吉潭镇圳下村恭安围鸟瞰

　　入围即见砖木结构的祠堂，系一座小型三合院，通面阔约 18 米，通进深约 10 米。院墙正中开门，红石门仪，上有门匾，剔地起突雕"谦益第"三字，内侧亦有匾，剔地起突雕"尊德乐义"四字，但无纪年。院内天井为条石砌筑，方砖铺地，有甬道，天井两侧廊屋山墙为马头墙。祠堂三间，明间为祖厅，设一对前廊柱，红石鼓墩柱础（图 9-13）。厅内前部设双层大内额，后侧设一对甬柱，是江西客家常见做法，但远较一般客家建筑精致。廊柱向外出二层挑头承挑檐檩，下层挑头雕莲花，雀替雕鳌鱼，垫木雕喜鹊，上层挑头雕芦苇缠枝，合起来就是"喜得联科、独占鳌头"。向内出双步梁至大内额上的蜀柱，再架五架梁至厅后甬柱，所有梁均为圆作月梁，檩条均为双层。甬柱间设小型神厨，三间两柱，有八角形石柱础，明间有月梁式额枋，两侧雕一对仙鹤，顶部有祥云捧日檐口。木结构用料粗壮，雕刻精美，具备清代中期风格特征（图 9-14）。此祠堂尽管规模尺度有限，仍堪称客家祠堂中罕见的精品。

图 9-13　寻乌县吉潭镇圳下村恭安围祖厅

图 9-14　寻乌县吉潭镇圳下村恭安围祖厅木结构细部

1929 年 2 月 1 日，毛泽东、朱德率领红四军主力开辟赣南、闽西革命根据地，从井冈山转战至寻乌县，在吉潭圳下村宿营。次日凌晨，突然遭到尾追而来的国民党军刘士毅部的包围和袭击。经过激烈战斗毛泽东、朱德带领红军指战员杀出一条血路，胜利突破敌人的包围。这次战斗是红四军建军以来最惊险的一次战斗，它直接关系到中国革命的命运。今天恭安围祖厅中既纪念革命英烈，也祭祀刘氏先祖。

2. 全南县大吉山镇乌桕坝村水围仔

大吉山镇乌桕坝村位于全南县城南部丘陵山区，处乌桕坝河中段南岸河谷地区。据《李氏族谱》记载，这支李氏于清顺治十七年(1660 年)从福建武平迁来定居。因四周石块砌成高围墙，围内挖有水井，而得名水围仔（图 9-15）。

图 9-15　全南县大吉山镇乌桕坝村水围仔入口外景

水围仔坐西朝东，围门朝南，乌桕坝河在围南部流过。面阔约 31 米，进深约 27 米，占地面积约 840 平方米。外部以一圈方形高墙围合，内部沿墙搭建二层住宅，四角设炮楼（图 9-16）。中部为一座独立建造的三开间堂屋，目前仅有明间和左次间保持完整，右次间上部疑已倒塌，仅剩下半部，单独盖有屋顶，形似披屋。堂屋明间为祖厅，山墙承檩，上部有很高的阁楼，是少见的做法。厅后设甬柱，柱间设神厨。

图 9-16　全南县大吉山镇乌柏坝村水围仔现状鸟瞰

　　四角的炮楼和外围墙大部分为河石浆砌，少数地方可能因为材料不足用了土坯砖。围内所有建筑则都为土坯砖墙体，基部用河石砌约0.4 米高。由于建筑质量较差，虽然目前仍有人居住，围内一半房间已倒塌，炮楼仍存二座（图 9-17）。

图 9-17　全南县大吉山镇乌柏坝村水围仔围门内景

3. 安远县鹤子镇亲睦围

鹤子镇位于安远县西南部岗阜河谷地带,鹤子河在镇区东面流过,明万历年间设鹤子圩。

亲睦围为郭氏家族建造,这支郭氏是清朝初年从附近的阳嘉寨迁居而来的。亲睦围坐西北朝东南,由二层的方形围屋环绕中部一座堂屋形成,方形围屋四角有炮楼,围前还设有带倒座的前院,院门朝东(图9-18)。

图 9-18　安远县鹤子镇亲睦围外景

亲睦围面阔约 30 米,进深约 50 米,占地面积约 1500 平方米。堂屋总面阔约 12 米,进深约 18 米,堂屋为砖木结构,其余部分均为土木结构,外墙墙基约 0.4 米高为青砖眠砌,其上约 1.1 米为夯土墙,上部全为土坯砖砌(图 9-19)。

堂屋是一座独立建造的三间二进建筑,歇山顶(图 9-20)。明间凹入形成门廊,木门仪,上方墙内嵌入匾额,墨书"昌荣世系"四字,两侧有梅花砖雕。入内为门厅,后墙设两根甬柱,柱间开门。其后为条石天井,周围地面已改为水泥砂浆。祖厅一开间,前有一对廊柱,设双步梁至内额,内部为明檩平板天花,后墙亦设两根甬柱,柱间为神厨。结构和装饰均极为简朴。

图 9-19　安远县鹤子镇亲睦围围门内景

图 9-20　安远县鹤子镇亲睦围堂屋

4. 安远县孔田镇下魏村火砖围

　　孔田镇下魏村位于安远县城南约 30 公里处的河谷平畈地带，太坪河从村西侧流过。魏氏于明代后期从寻乌县下坪迁此定居。

　　据《魏氏族谱》记载，火砖围始建于清康熙十五年（1676 年）。建筑坐东南朝西北，中部为一带前院的二进堂屋，外包二圈方形围屋，其中内侧的一圈呈凹字形，前端没有封闭。内侧围屋已毁，外侧围屋三层（图 9-21）。

图 9-21　安远县孔田镇下魏村火砖围鸟瞰

　　火砖围面阔约 50 米，进深约 60 米，占地面积约 3000 平方米。堂屋总面阔约 15 米，进深约 33 米。其外墙全为砖砌体，在江西客家地区是非常奢侈的做法，围名由此而来，砌法为眠砌二皮立砌一皮。

　　堂屋三进，前进在外墙上嵌入三间四柱牌坊式大门，磨砖对缝，明间开门，红石门仪，门楣上方以砖雕阳文嵌入"紫气充腾"四字。入内为下厅，设一对后檐柱，有莲花缠枝柱础。之后为青石砌筑的前天井，水形，尺度很大但深度很浅。中厅前设三开间前廊，一对廊柱，有双层柱础，下层为壶门莲花座，上层为八角勾栏，惜雕刻已损毁。厅本身仅一间，两侧墙上以砖砌仿木梁架作为装饰。后天井极狭窄，土形，亦为青石砌筑。上厅亦设一对廊柱，双层八角柱础，上层为勾栏（图 9-22）。

图 9-22　安远县孔田镇下魏村火砖围堂屋鸟瞰

该围屋多年来经过多次维修，变动较大，多处木柱、梁、枋都换成了混凝土梁、柱，目前还在继续维修中。但其格局、空间配置仍清晰地反映了环绕祠堂形成的围屋的空间特征。

5. 龙南县里仁镇新里村沙坝围

沙坝围位于龙南县的里仁镇与关西镇交界的雷峰隘北面的高坡地段，濂江东岸的沙坝上。围屋为李氏家族所建，系清代中期自龙南县里仁镇的栗园围迁来此处，开基定居。

沙坝围坐东北朝西南，是一圈以方形围屋环绕一座堂屋而形成的围屋，四角有炮楼。约建于清嘉庆年间（1796—1820 年），面阔约 30 米，进深约 28 米，占地面积约 870 平方米（图 9-23）。

围屋大门在西南面，但不在中央位置，而是偏在右侧，又略向内斜凹，使大门朝向更偏南向。门洞为拱门，有青石门仪。外围屋进深约 6 米，高约 7 米，三层，二层周围设走马楼（图 9-24）。炮楼平面为方形，边长约 5 米，高约 10 米，四层。围门一座，位于南面外墙西侧，

因围门一侧临河，地势低洼，建围时因地制宜地在西侧围屋建了一层
地下室（图 9-25）。

图 9-23 龙南县里仁镇新里村沙坝围鸟瞰

图 9-24 龙南县里仁镇新里村沙坝围围内现状景观

图9-25 龙南县里仁镇新里村沙坝围围门内景及地下室入口

　　围屋内部中央位置原有一座三间单进的堂屋，面阔约11米，进深约7米。堂屋外有围墙，围有前庭。现均已拆除，但地面仍可见痕迹。堂屋后部东北侧有水井一口（图9-26）。

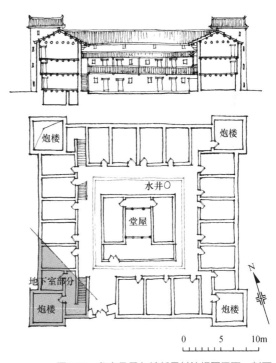

图9-26 龙南县里仁镇新里村沙坝围平面、剖面

沙坝围外墙包括炮楼全为夯筑，极其厚重，视觉效果雄浑沉着。围前有晒坪，为围内居民社交场所。村民们常围聚于此，看是否有竹木顺着濂江顺流漂下，捡些木材作为外快。

6. 龙南县里仁镇新里村渔子潭围

渔子潭围位于里仁镇东偏南约 2 公里濂江南岸转弯处的山坳中。河弯处有一深水潭，水质清澈，深可见底。每当春季桃花盛开之时，有数以万计的青鲤、鲫鱼在潭水中追逐产卵，在潭中搅起圈圈涟漪，因此得名。

渔子潭围系李氏家族所筑，这支李氏亦为清代后期从栗园围分出迁来。嘉庆十八年（1813 年），栗园围十八世孙李遇德因围内人丁渐趋拥挤，房屋不够居住，携家小迁居渔子潭，以垦荒耕种为生，渐渐地使渔子潭发展成一片小屋场。李遇德从事酿酒生意，偶遇关西新围的家主徐名钧，结成挚交。

渔子潭围始建于清道光九年（1829 年），道光十八年（1838 年）竣工。中央为一座二进堂屋，四周以一圈高约 9 米的围墙围合成长方形庭院，围墙各向均靠墙建有围屋，当地人称"靠墙排"。四角各设有一座炮楼（图 9-27）。

图 9-27 龙南县里仁镇新里村渔子潭围东面鸟瞰

渔子潭围坐西朝东略偏北，面阔约 55 米，进深约 45 米，占地面积约 2500 平方米。濂江从东南而来，至围前转向西，再向北而去，形成背山面水的好格局。围北侧濂江上修建有分水桥，西面河湾左有象形山，右有狮形山，是为水口之形，当地人称"狮象把水口"。

外围墙为桐油石灰、鹅卵石、三合土等夯筑而成，墙基处宽约 1 米。因围内"靠墙排"的屋面低于外围墙，在与围墙交接处设有水平天沟，外围墙上均匀分布着方形的排水孔，雨水汇聚至天沟后经排水孔排向围屋外侧，是传统建筑中罕见的有组织排水设计，极具匠心。

渔子潭围设一座围门，位于东侧，砖砌拱券，上有门匾、门楣。门共有三重，最外侧为外包铁皮木门，中设闸门，最内侧为木便门。四角炮楼高 12 米，四层，墙身有枪眼，顶层有方窗。内部靠墙排三层，二层沿南北两侧的短边设有外走马，沿东西两侧的长边则改为内走马。

堂屋朝向与围屋朝向垂直，改为坐南朝北略偏西，总面阔约 21 米，通进深约 22 米，堂屋前有一圈围墙形成前院，正对堂前为牌坊式照墙，以分割居、祀空间。在堂屋前院侧墙及"靠墙排"围合的空间中有水井。下厅为门厅，设有门廊，上厅为祖厅。围绕着上、下二厅还有十间房为"宗堂"，为宗族议事、祭祀活动用房（图 9-28）。

图 9-28　龙南县里仁镇新里村渔子潭围总平面
（图片来源：据谷歌地球重绘）

9.2 以带祠堂的居住建筑为中心形成的围屋

江西客家地区的围屋形式多种多样，但在较为大型的围屋中，最常见的手法是以一座较大型的居祀组合式建筑为主体，周围加上一圈围屋或围墙围合而成。主体建筑中央部位为祠堂，两侧为围屋主人及其家人的住宅，周围的围屋间则承担杂物间、客房、仆役住房、库房等功能。

1.石城县木兰乡陈联村陈坑围

木兰乡陈联村位于石城县东部紧临福建宁化县的山区，新河由北而南流过村境，沿河地带较平坦。"陈坑"位于村庄东北约 1 公里处梯田的坑底层，故称层坑，因"层"与"陈"谐音，写成"陈坑"。清乾隆年间（1736—1795 年），王氏从福建省王泥埔迁入开基，继而温德符从邻村下联坊迁来定居。

陈坑围由温氏建于道光十八年（1838 年），坐东南朝西北，内部为一座五间二进、包含堂屋和居住两种功能的主屋，外部以一圈方形围屋包裹。总面阔约 52 米，总进深约 47 米，占地面积约 2400 平方米（图9-29）。入口大门在西北角，朝向西南，为一座高大的三间四柱八字牌楼式大门，檐下有四层砖雕如意斗拱出挑。

图 9-29 石城县木兰乡陈联村陈坑围总平面

建筑外部简朴，内部华丽。外墙全部使用夯土墙，而内部全为砖墙。围内建筑组合、空间转换中运用了大量江西主流天井式民居甚至是园林的设计手法（图9-30）。中部五间二进建筑与外围屋之间有约6米宽的晒坪，以二道带有漏空花窗及券洞门的围墙分隔成三段（图9-31），中部五间二进建筑与侧面的围屋之间各加了三个连廊，两侧各形成二个天井，与晒坪之间以带有漏空花窗的围墙隔开。这样经过门屋入围之后，可见到两处有漏空花窗的围墙，既可进入堂屋前的晒场，也可进入围屋间的天井（图9-32）。

图9-30　石城县木兰乡陈联村陈坑围鸟瞰

图9-31　石城县木兰乡陈联村陈坑围晒坪两侧围墙

图 9-32　石城县木兰乡陈联村陈坑围围屋间与堂屋之间的天井

　　堂屋中央为祠堂，入口凹入形成三开间门廊，前檐无柱，深约 3 米，宽度超过 9 米，设一根巨大额枋，上承两根蜀柱，从蜀柱上挑出两层挑头承挑檐檩，下层为丁头栱，雕垂莲纹样。门廊后设一对中柱，有双层石础，下层为八角勾栏，上层为鼓墩。柱间均开屏门。额枋以内设船篷轩顶。两侧均有楼，上下均开窗，下层为菱花砖雕花窗，上层为席纹砖雕花窗。

　　进入堂屋之后，中部也有三个天井，正对祖厅的天井与两侧的天井之间有墙分隔，这两部分天井前后的建筑是带吊楼的居住空间。祖厅一开间，穿斗屋架，后墙前设一对甬柱，柱间为神厨。祖厅之后又筑一道与建筑距离仅 1 米左右的高墙，形成后天井。这些以墙体、连廊对空间进行多次分割的方法，辅以各类装饰性花格窗，都是园林设计使简单空间变得复杂丰富的常用手法，但用于一座围屋中并不多见，陈坑围由此而出名。

陈坑围除了前段外围屋局部坍塌外，大部分建筑保存良好。当地居民称，整座围屋无人居住维护已长达二十年以上，却未见漏水。说明这栋建筑的用材和做工都十分考究。空间如此丰富，建筑质量上乘，温氏后人为何不住呢？据曾在围屋住过的温氏后人温良珍介绍，此围的建造可能涉及不义之财。他们的祖先温荣卫、温荣章兄弟突发横财，声称是因为挖到了"窖"（埋藏的金银财宝），之后买地、做生意，建起了这座围屋。太平天国时期，太平军进村，攻入温家，杀了温氏兄弟，大家认为这是他们获取不义之财遭到的报应。从此之后有了关于这栋建筑风水不好的种种说法，使温氏后人再也不敢居住其中。

《石城县志》中记载了一些本县著名建筑，如田江土楼、木兰土楼、高岭土楼等，根据描述均为围屋，面积都明显小于陈坑围，外部防御性能却要高得多。如此看来，陈坑围可能真的是业主获取不义之财之后打算低调享受的产物，由于这个特殊的原因造成了这座外表寻常内部却异常优美的深宅大院。

2. 安远县镇岗乡老围村东生围、磐安围、尉廷围

万幼楠先生在《城堡式民居——东生围》一文中指出，安远县以中部的九龙山为界，分为北片和南片，南北片乡土风俗有较明显的差异。如南片语俗称叔叔、妹妹为"阿叔""阿妹"，而北片则无在亲戚称呼前冠以"阿"之俗。这是因为南片的人口来源多为明清时期从闽、粤返迁江西的客家人，而北片的人口来源则多为宋元之际迁来的老客。此外，南部多山，地形复杂，常有匪患；北部有县城驻地及两个明清以来的地方军事据点——长沙营和羊角水堡，官府统治较南部有力，治安相对更稳定。这些差异也造成了安远县以九龙山分界的民居建筑上的差异。

据《安远县志》记载，"县北部地区农民喜建一巷两排房，其式样为两排房相对，门檐下设廊，楼梯设在巷门一侧廊下，巷中为天井，巷前建大门。""县南部地区还聚族建围屋，以防外侵，围屋外壁以砖、石和三合土砌建，围屋建三层楼房……整座围屋四角建炮楼。"

老围村位于九龙山南部，东江源头三百山西麓山谷中部的宽谷平畈地带，紧临镇岗乡集镇区——镇岗圩，镇岗河由南而北穿过山谷。镇岗圩为刘氏家族所建，当地习俗无"圩胆"不准建圩，于是刘氏家族派人于夜间从相距约5公里的上魏圩盗来"圩胆"，埋入岗中，"镇"守此"岗"，镇岗圩由此而来。在如此彪悍的乡俗中，与此相临的老围村，由一众坚固如城堡的民居建筑组成，东生围、磐安围、尊三围、尉廷围、德星围互为犄角，共同构成了一个具有高度防御性的村落，为当地陈氏家族聚居地（图9-33）。

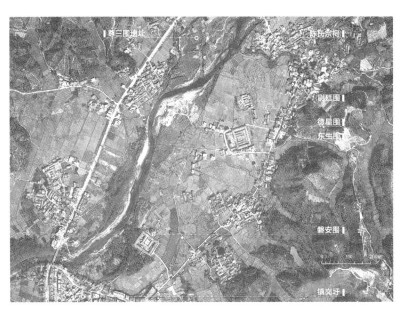

图9-33　安远县镇岗乡老围村总平面
（图片来源：据谷歌地球重绘）

老围村现存的三座围屋——东生围、磐安围、尉廷围——均为以横屋堂屋组合式建筑为核心，外部包裹方形围屋而形成的围屋。其中尉廷围建围时间最早，为陈启廷于道光年间所建，坐东北朝西南，背靠三百山系，面朝镇岗河；东生围为陈启廷之子陈朗廷于道光、咸丰、同治年间所建，坐东北朝西南，但外坪门向北开，正对尉廷围；磐安围为陈朗廷次子陈茂芳于咸丰年间所建，坐西南朝东北，遥望东生围和尉廷围。

其中又以东生围占地面积最大，为其典型代表。东生围中部为三堂四横一后枕屋的横屋堂屋组合式建筑，外部有三层楼的方形围屋将其环绕。围前有场院（图9-34）。

图9-34　安远县镇岗乡老围村东生围外景

据老围村《颍川堂陈氏族谱》载，东生围造主为陈上达，名开月，字焕开，自号朗廷，因军功封二品衔。生乾隆甲辰（1784年）殁同治壬申（1872年）。陈上达从清道光二十二年至同治七年（1842—1868年），分三期建造东生围。第一期为核心的五路三进堂屋，以及前排围屋，自道光二十二年至道光三十年（1842—1850年）建成。第二期为左右两侧和后排围屋，自咸丰三年至咸丰六年(1853—1856年)建成。第三期为围屋内后区"正厅"及其两侧正房，自同治五年至同治七年（1866—1868年）完成，并建造了屋前大场院及附房。通过持续25年的建设，最终形成了一座前有大院、四角有炮楼的庞然大物，主体建筑占地面积接近7000平方米，加上屋前院子和附房，总占地面积超过1公顷（图9-35）。

围屋主入口设在东北角，大门为砖砌四柱三间三楼牌坊式门楼，石门框，阑额题"光景常新"四字（图9-36）。入内为大场院，面积约2000平方米，内设晒坪、池塘，做卵石驳岸。巨大围屋朝场院共开七门，中门最大，上有匾额，书"东生围"三字。入内即进入围屋核心部分，为中轴线上的下厅。其后为中厅、上厅，各以天井相隔。上厅之后又设一天井，即为最后建成的"正厅"，是整个围屋中最高大的单体建筑。除上厅、正厅明间设抬梁式屋架外，其余均为山墙承檩，且均设楼。其余六门内均设副厅，经副厅通向内部通道，均为非常狭长的天井，两侧为房间，沿屋檐设走道。除中轴线上堂屋的四处厅堂做工用料较为讲究之外，横屋高二层，用料做法均颇为简陋，土木结构，墙体为基部砌约 0.3 米高的砖墙，其上为土坯砖墙（图 9-37）。

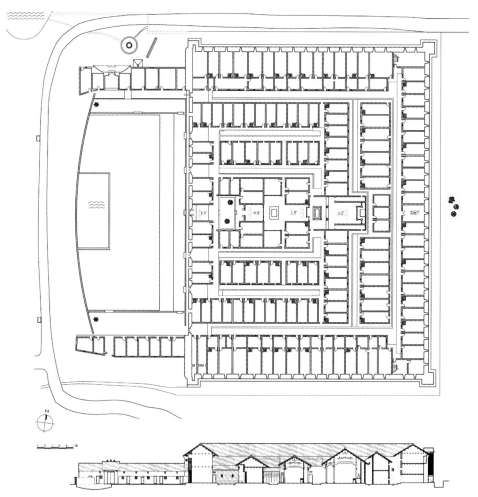

图 9-35 安远县镇岗乡老围村东生围平面、剖面图
（图片来源：江西省文物保护中心提供）

图 9-36　安远县镇岗乡老围村东生围主入口门楼

图 9-37　安远县镇岗乡老围村东生围横屋间的走道

外墙厚约 1.4 米，亦为"金包银"做法，内为土坯墙，外侧基础部分采用块石包砌，基础以上采用青砖包砌到顶，不开窗。顶层墙内设走马廊及射击孔。内墙则除四处厅堂及其天井周围和所有门厅为砖墙外，其余均为土坯墙。四处厅堂和所有门厅采用青砖铺地，相关的所有天井为条石铺地，所有沿檐走道及相关天井为卵石铺地，其余均为三合土地面。

磐安围位于东生围西南，始建于清咸丰十年（1860 年），落成于咸丰十七年（1867 年），历时 7 年。中部为三堂二横的横屋堂屋组合式建筑，外部有三层楼的方形围屋将其环绕。该围面阔 86 米，进深 76 米，占地面积 6536 平方米，布局颇为独特，中部的三堂二横的横屋堂屋组合式建筑的两侧与后部均有大面积空地，可能是为扩建留下空间（图 9-38）。围屋中轴线西南面有一片风水林，处于镇岗河支流的湿地处，固土防风。

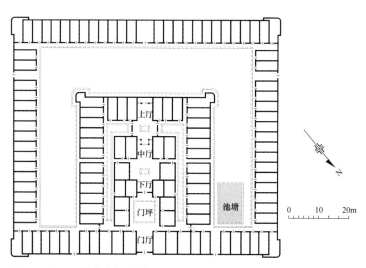

图 9-38　安远县镇岗乡老围村磐安围平面图

磐安围外侧围屋高 9.35 米，墙体厚 1.2 米，一层墙体用河石、三合土砌筑，以桐油、糯米捣石灰灌缝，坚硬如铁；二、三层墙体外壁砌青砖墙，内壁砌土坯砖，俗称"金包银"砌法。围屋四角各建一个四层高的炮楼，炮楼外墙有射击孔。围屋外墙第一层和第二层上辟用青条石凿成长 50 厘米、宽 15 厘米的射击孔，三层镶砖雕菱花口形花窗。

围屋的东北面有三扇大门，中部正门门额上镶嵌砖雕阳刻"磐安围"三字。正门与堂屋在同一轴线上（图9-39）。

图9-39 安远县镇岗乡老围村磐安围从门屋看堂屋

尉廷围位于东生围东北方，周边为地势平坦的农田，始建于清道光年间，系东生围创建人陈朗廷的父亲陈启廷所建。中部为二堂二横的横屋堂屋组合式建筑，外部有二层楼的长方形围屋将其环绕。建筑坐东北朝西南，面阔65米，进深37米，占地面积2409平方米，土木结构（图9-40）。尉廷围一层外墙基约为1米处以鹅卵石砌筑，其上为土石版筑墙；二层墙体为土坯砖砌筑。围屋外墙亦有射击孔（图9-41）。

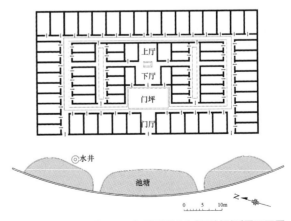

图9-40 安远县镇岗乡老围村尉廷围平面图

图 9-41 安远县镇岗乡老围村尉廷围外景

3. 定南县岭北镇大坝村德盛围

岭北镇大坝村位于定南北部山谷盆地中，桃江支流迳脑水从村前流过。德盛围为李氏家族建造，系清中期从本县月子村大屋迁来。

德盛围坐西南朝东北，始建于清嘉庆十二年（1807 年），历时二十年建成。主体为一座两堂两横的横屋堂屋组合式建筑，外部以一圈方形二层围屋环绕，四角均起炮楼。整个建筑通面宽约 60 米，通进深约 48 米，占地面积约 2900 平方米。围前有深约 15 米的晒坪，上立有旗杆石。晒坪前有巨大水池，呈弧形环绕建筑三面（图 9-42）。

图 9-42 定南县岭北镇大坝村德盛围总平面

德盛围背靠五虎下山之中位龙脉，初为一座十余米高的小山丘，但此山丘之后山势绵绵不绝，而且越来越雄浑高峻，是为子孙兴旺、百万家财之相；围前约 360 米处有河水蜿蜒流过，与建筑之间有大片良田，是为明堂开阔之相；远处朝山形如笔架，前后有阶梯式的层峦叠嶂，是为文风昌盛、步步高升之相；左侧砂山高耸绵密，右侧砂山相对低矮平缓，正合"不怕青龙飞上天，只怕白虎猛抬头"的风水理论。据说，建围之前，请来勘舆地形的风水先生认为，如能在此风水宝地建围，以后定能富贵如愿（图 9-43）。

图 9-43 定南县岭北镇大坝村德盛围鸟瞰

笔者在定南县车步村调查时，偶遇一位从德盛围嫁过来的老奶奶，她还能回忆起，听家人说过，建围时请了风水先生查看地形，定守方位。她小时候围前的水池是贯通的，入围要通过一座桥，此桥晚间会收起。

德盛围有围门四处，其中东北面一处为正门，西北面有两处，靠北一处开向前院，另一处靠南，在炮楼侧面，东南面还有一处，后两处侧门都疑似改建。正门为四柱三间三楼牌坊式大门，实际为夯土墙和砖墙，以粉刷冒充磨砖并绘制花牙子（图 9-44）。条石门仪，楣上有"寿"字图案装饰。门屋设有后檐柱，柱间原有屏门，现仅存地栿。

堂屋前院两侧有带有月洞门的围墙，以与两侧的横屋前院隔开，在堂屋前形成大天井格局，为石砌土形天井（图9-45）。横屋前院中有水井一口。

图9-44 定南县岭北镇大坝村德盛围正门处外观

图9-45 定南县岭北镇大坝村德盛围内景

堂屋下厅三开间，有完整的前后檐柱、金柱，檐柱至金柱设双步梁，金柱间设七架梁。上厅仅一间，有前廊柱、大内额、后甬柱和神厨，山墙承檩。除这部分为砖墙外，其余均为土坯砖承重。外墙为混杂河石的夯土墙，厚约 0.5 米。围屋四角的炮楼现都已经过改造，路过的村民介绍说，"以前炮楼比这高得多"。

4. 定南县历市镇中镇村方屋排虎形围

中镇村方屋排位于定南县南部的山区盆地中，车步水流过山谷而形成的一小块平畈地带。明成化年间（1465—1487 年），方氏从福建上杭迁此定居，因住在靠山的台地上，称"方屋排"。

据记载，虎形围系方屋排先祖方日辉建，始建于清乾隆三十九年（1774 年），由当地著名风水师赖布衣第十三世孙赖名山布局策划，于乾隆五十一年（1786 年）建成，历时 12 年。

虎形围的空间组织方式为中部为一座二进的堂屋，堂屋厅堂两侧的房间为居住功能，按横屋方向设置；四周环绕一圈二层的方形围屋，围屋的前部二角及后部中端各有一座炮楼；左侧有一道嘉庆二十一年（1816 年）加建的横屋及其侧院（图 9-46）。建筑前有敞院，院前有水塘。

图 9-46　定南县历市镇中镇村方屋排虎形围正面鸟瞰

虎形围坐西北朝东南，背靠虎形山，面朝车步水。面阔约 40 米，进深约 33 米，占地面积约 1300 平方米。围合堂屋的方形围屋四边屋高各不相同，前侧围屋高约 6.6 米，两侧围屋高约 7.2 米，后侧围屋高约 7.5 米，以形成建筑逐渐抬起的效果，状如"太师椅"（图 9-47）。

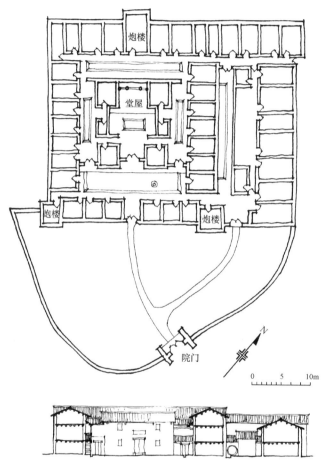

图 9-47　定南县历市镇中镇村方屋排虎形围平面、剖面

当地传说虎形围解释了猛虎发威时一扑（虎爪）、二咬（虎口）、三扫（虎尾）的神态。此说称之为肖像虎形，把大门比作虎嘴，两个圆形窗为虎眼，门楣为虎鼻，灰塑门罩为虎耳，多层门罩象征着虎额上的"王"字，两侧炮楼是虎爪。围屋后部的炮楼突出于后墙约 1.2 米，是虎尾。现为该围标准解说词。

虎形围的案山不十分完美，肖像虎形又过于雄威，有重武轻文之嫌，若干年后，业主又加建了一座院门，当地人认为院门在风水上的重要性要高于围屋大门。院门朝东方，门轴线朝向远方视野中的笔架山主峰，门楣上书"常临光耀"，期望人文昌盛。

该围仅有一座正门，位于堂屋中轴线上。以麻石条砌门框，用石灰粉出四柱三间五楼的牌坊式造型，门楣上书"日灿庭辉"，坊额上有白虎、凤凰、鹿等吉祥图案的灰塑（图9-48）。

图9-48　定南县历市镇中镇村方屋排虎形围围门

入围门为围内晒坪，有水井一口，围中轴线上是堂屋，厅堂两侧的次间是围内原来最好的居所，位属正厢房，为长子长孙所居，次间的门开在横屋，保证了"居"、"祀"两种功能的相对独立。

虎形围共有三座炮楼，均为三层硬山顶，前面两座炮楼高约8.5米，后面一座炮楼高约9米，炮楼外墙上有长方形射击孔。三座炮楼呈三角形布局，在围屋中并不多见。

虎形围的外墙做法为三合土浆砌块石砌至约7米高，厚约0.4米，墙体转角为青砖眠砌护角，底层有石制直棂窗和小气孔。内墙基为三合土浆砌块石砌至约0.5米高，上部为土坯砖墙。

5.龙南县桃江乡清源村龙光围

桃江乡清源村位于龙南县樟树盆地西南端,龙光围位于清源村南部的山坳,左坑水分支流出的二条小溪河汇合之处的山谷平坦地带(图9-49)。龙光围为谭氏家族所建,当地谭氏开基祖谭德兴于清代中期从全南县大樟村庙迁至清源村老屋仔定居,经两代又有一支迁至清源村下左坑,建龙光围,就在老屋仔以南约150米。

图 9-49 龙南县桃江乡清源村龙光围鸟瞰
(图片来源:龙南县文广局提供)

龙光围坐西南朝东北,通面宽约52米,通进深约48米,占地面积约2500平方米。主体为一座七间二进的堂屋,中央为祠堂,两侧为居室。祠堂上下厅均仅一间,有石质前廊柱。前后两进间以围墙划分成三个天井,中央祠堂部分为全石砌,两侧居室部分则只有条石镶边,其余为卵石。主体四周环绕一圈三层的方形围屋,内侧二层设走马楼。四角设炮楼,每座炮楼只突出一面,使围屋平面围如同"风车"形(图9-50)。

龙光围的外墙全部用麻条石砌成,仅在墙顶砖砌叠涩压顶,总高7.1米。四角炮楼外墙一至三层也用麻条石砌,高度已超出外墙压顶,仅四层为眠砖实砌到顶，两层花牙子挑檐。由于外观坚固无比，与一般围屋的夯土墙或浆砌墙完全不同，建成之后当地人俗称"石围仔"。

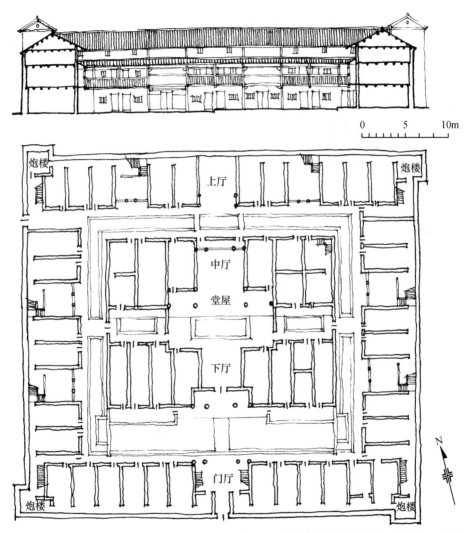

图 9-50　龙南县桃江乡清源村龙光围平面、剖面
（图片来源：据龙南县文广局提供资料重绘）

围门二座，正门位于北侧中部，与堂屋同在中轴线上，正门为石砌拱门，门洞宽约 2 米。正门有三重门，外层门为木门钉铁皮，内两层为木门，还设有门闩，有扣环、杠槽，门顶有注水孔。门洞上方墙体中嵌入石匾，阴刻"龙光围"三字（图 9-51）。小门位于围屋的北面，门洞宽约 1.2 米，高约 2.5 米，门扇为木门外包铁皮。

图 9-51　龙南县桃江乡清源村龙光围正门

（图片来源：龙南县文广局提供）

　　龙光围赣南三年游击战争期间是游击队活动的基地，1937 年曾为中共信南县委驻地（图 9-52）。

图 9-52　龙南县桃江乡清源村龙光围内景

（图片来源：龙南县文广局提供）

6. 龙南县杨村镇乌石村乌石围

　　杨村镇乌石村位于龙南县南部山区的河谷平原，桃江重要支流太平江（当地又称东水河）南岸山脚下。乌石围属于龙南望族赖氏家族，原名盘石围，当地通称老围，因围前地面有一块黑色奇石，现名乌石围（图9-53）。建筑位于乌石村正中，山水环绕，太平江从乌石村东侧自南向北流过，左右砂山屏立，轴线正对西北向山口，自围屋大门远望，呈笔架之势（图9-54）。村中除乌石围外，另有赖氏家族后人所建围屋5处，均位于乌石围侧后，与乌石围形成明显的主从关系。

图9-53　龙南县杨村镇乌石村乌石围围门及乌石
（图片来源：龙南县文广局提供）

　　乌石围造主赖元宿，以木材生意发家致富。据《桃川赖氏八修族谱》载，赖元宿，字景星，生明隆庆庚午（1570年），卒清顺治乙酉（1645年）。族人通称景星公。《桃川赖氏八修族谱》收录有《东水盘石围记》，兹录如下：

图 9-54　龙南县杨村镇乌石村乌石围背侧鸟瞰

"昔我祖景星公相厥土，宜作为邸。法四面之方位，诸山丛秀；取中石之砥柱，二水合流。爰是而筑居焉，名曰盘石围。仰观堂构，规制宏丽；俯察基址，亦孔固矣。拮据诚云艰哉。迄今二百余年，支衍九房，丁近二千。游泮成均有人，寄籍仕宦有人。虽科第未崇，气运有待。为子孙者，宜体祖裕之功，世守勿替；思杜侵凌之患，昭示来裔。兹逢六修族谱，承总炁并金举督修。详阅老谱，凡属祖居祠宇，皆有记可考。因查盘石围之旧址，五修未载，遂援笔以记谱端。嗣是而后，祖堂之前后左右，与夫围内外之水道，应必疏通，不容壅塞。及笠屋挖土至围后垅，大系紧要，脉一有害，所关甚大，务遵李宪断谳，水任便流。倘有开圳强害，急须平除，一以承祖公屡世之业，一以奠子孙盘石之居。恭疏短引，深望后裔，踵相济美，以光门第云尔。乾隆己亥仲秋月吉旦六世孙邑庠生经国谨撰。"

按乾隆己亥年即 1779 年，由此上溯 200 年，为 1579 年，正是明万历七年。这一年赖景星只有 9 岁，但万历为明代最长的年号，达 48 年之久，由此可推定乌石围建于明代万历年间（1572—1620 年），是现存所有赣南围屋中最古老者之一。

乌石围坐东南朝西北，主体是一座三路大型居祀组合建筑，四周环绕一圈二层的围屋，外轮廓北侧为直线，两端经一小段弧线转至东西两面又为弧线，至南端改为弧线包围。炮楼共六座，除围屋四角建有炮楼外，东面围屋外侧增设一炮楼，西北角炮楼加建有1座土坯炮楼，现围屋东北角炮楼已坍塌（图9-55）。

图9-55 龙南县杨村镇乌石村乌石围正面鸟瞰

围屋主体面宽约53米，进深约42米，正门外尚有晒坪、照墙及池塘，总占地面积约4200平方米。主体共分三路，中路为五间三进祠堂，实际上中下三厅均仅一开间，其余为辅助用房。两侧路各分为前后两组三间两进一天井住宅，共计4组。外围屋高2层约8米，炮楼高约15米。围屋中部的三堂二横建筑呈三组排列，中路为堂屋，分上中下三厅，每进均为5开间（图9-56）。两侧路为横屋，均为三间三进。后院有水井一口（图9-57~图9-58）。

图 9-56　龙南县杨村镇乌石村乌石围堂屋内景

（图片来源：龙南县文广局提供）

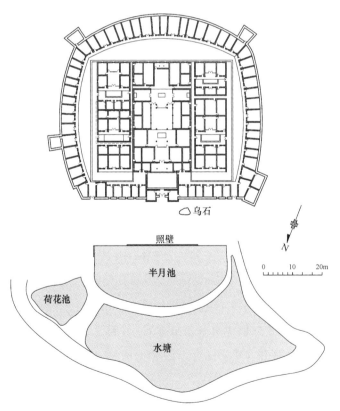

图 9-57　龙南县杨村镇乌石村乌石围平面

（图片来源：江西省文物保护中心提供）

图 9-58　龙南县杨村镇乌石村乌石围剖面
（图片来源：江西省文物保护中心提供）

7. 龙南县关西镇关西村关西新围

关西村位于龙南县东部的山区丘陵盆地，关西河西岸。历史上通往定南、安远乃至广东的交通线途径此处，明正德十三年（1518 年）南赣巡抚王阳明前往广东剿寇，在龙南与定南交界处的程岭一带安营设关，关西因地处关隘之西，得名"关西"，沿用至今。

关西新围由龙南望族徐氏家族成员、著名士绅徐名均所建。据《龙南关西徐氏七修族谱》及清光绪二年《龙南县志》，徐名均，字韵彬，号渠园，增贡生，例授州同职。生乾隆甲戌(1754 年)，殁道光戊子(1828 年)。据当地口传，新围始建于清嘉庆三年（1798 年），完成于道光七年（1827 年），历时近 30 年。此围屋并未题名，为与徐氏家族原有的一座围屋西昌围相区别，当地称为新围。关西新围是迄今国内发现的保存最为完整、规模最为宏大、功能最为丰富的客家围屋之一。2001 年列为全国重点文物保护单位（图 9-59）。

由于地形原因，并考虑到风水朝向，关西新围坐西南朝东北，中轴线为北偏东约 60°，指向一座小山，名老寨顶，山顶上有徐家老寨遗址。围屋建筑主体面宽 92.2 米，进深 83.5 米，现占地面积 7500 平方米，建筑面积达到 11477 平方米。西侧原有花园，占地约 6000 平方米，位于围屋西门外，由小花洲、后花园、梅花书屋、老书房、新书房以及马厩、牛栏和猪圈等组成。其中小花洲为面积约 1500 平方米的水面，水中设岛，以木桥相通。相传是徐名均专为其苏州籍爱妾张氏所建，岛上有假山、砖塔等设置，供人游乐。惜于20世纪早期即已衰败，20世纪后期被大量拆除，已全非旧观。

图 9-59　龙南县关西镇关西村关西新围鸟瞰

关西新围空间组织方式为中部是一座三堂二横的建筑，四周环绕一圈二层的方形围屋，围屋四角有炮楼。面宽92.2米，进深83.5米，现占地面积约7500平方米，建筑面积达到11477平方米（图9-60）。

四周环绕的围屋每侧名称各不相同，功能也不相同。新围内前一列围屋称作"走马楼"，多为客房；两侧围屋称作"龙衣屋"，多为长工和地位低下的人居住；后部围屋称作"土库"，主要用于储存物资。房间名称以八卦方位取名，如坤屋、震屋等。

虽然规模巨大，但总共只有两处出入口，主入口设在东北角，在墙体上开大券洞，高3米，宽2米，正对关西河和道路。对称的西南角设次入口，门洞较小，做法亦较简单。

进入大门，经重重庭院进入一个非常开阔的前庭，周围以狭长庭院环绕，前庭以内才是主体建筑，前庭之前还有客房、戏台、内花园等设施（图9-61）。当地号称"三进四围五栋九井十八厅一百九十九间"，数字均为约数，与实际情况并不相干，不过形容其大到不可想象而已。实际上，其构成的主体为一座超大型的五路居祀组合建筑，中路为三进祠堂（图9-62），两侧每一路均由前中后共三组居住建筑组成，共

12 组，确实大得惊人。周围再包上一圈两层围屋。结构主要为山墙承檩，仅中路第一、二进大厅明间采用抬梁式木构架。另有部分穿斗式木构架，用于大厅边缝和侧路小厅。

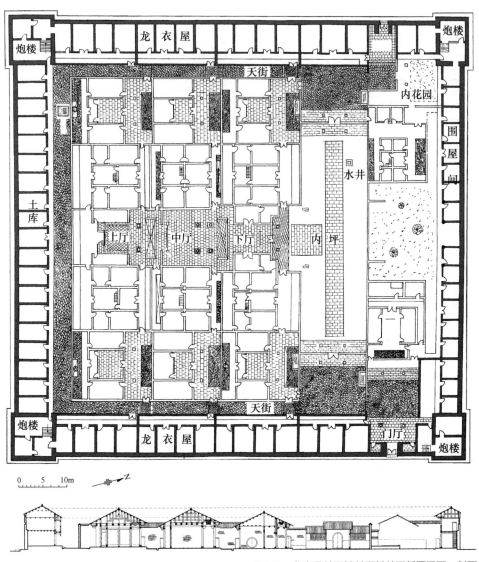

图 9-60　龙南县关西镇关西村关西新围平面、剖面
（图片来源：江西省文物保护中心提供）

图9-61 龙南县关西镇关西村关西新围前庭鸟瞰

图9-62 龙南县关西镇关西村关西新围祠堂中厅

　　关西新围的防卫性非常突出。大门有两重：一重是板门，系用7厘米厚的木板做成，门面钉满2毫米左右厚的方形铁板，门内砌有护墙，并装多重门闩；二重是闸门，从二楼贴墙装滑槽，必要时从上方放下，关闭门洞。此外，在门顶上还设有防火攻的注水孔。外墙高8米，对外无窗，仅在顶部开射击孔。5米以下墙体采用三合土版筑，并夹有大量卵石。墙底部厚 0.9 米，向上逐渐收分至 0.35 米。5 米以上墙体均采用青砖实砌。建筑外部形体浑厚苍凉，具有巨大的震撼力。外围护房均设内外两圈环廊，以便战时运动（图 9-63）。内部则以多重庭院分割空间，设重重门户，又设纵横交错的多条天街（图 9-64）。内墙凡在重要建筑或通道看面，均用清水青砖墙；在次要建筑或非看面墙体，则大多是三合土或砖石墙基、土坯砖墙。

图 9-63　龙南县关西镇关西村关西新围顶层内走马

图 9-64　龙南县关西镇关西村关西新围天街

由于建设时代正处于当地历史上相对平静的年代，徐氏家族当时又是龙南数一数二的望族，族人中官绅众多，既有权势，又有财富，此围屋除注重防卫外，更强调空间秩序，着力营造符合礼仪传统的仪式化空间体系。围内有260多间房间，大致分为四个等级：中心部分的上中下三厅；其次是主宅两侧四路主人的居住部分，以及前端"走马楼"中的客房、戏台等各种设施；再次的是两侧的"龙衣屋"，采光、通风均较差，是仆役、长工的住处；最次则为后端的土库，是围内的仓库。宅内各种活动俱有规制，以婚俗为例，自下轿、进堂、拜堂至入洞房，有清晰的路线，各个环节均需在相应的空间进行。据《龙南关西徐氏七修族谱》，徐名均娶有一妻二妾，育有十子三女，除长女夭折外俱成人，显然的确需要这样一座空间秩序分明、长幼有序、内外有别的大型住宅。

9.3 "四合中庭"型围屋

"四合中庭"是客家建筑的一种常见的空间模式，即以二、三层楼的建筑围合成四合院，首层正屋明间为祖厅，二至三层内侧设吊楼贯通整层，称作走马楼。这种建筑形成封闭的外观时就被认为是围屋，在四角加上炮楼或炮角，客家人称作"四点金围寨"，是"四合中庭"型围屋最常见的存在方式，如定南县岿美山镇左拔村永安围、全南县龙源坝镇雅溪土围；也可在"四合中庭"型建筑外包一圈围屋间而形成围屋，如龙南县东江乡三友村象形围（图9-65）。

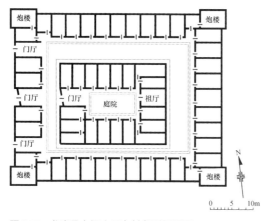

图9-65 龙南县东江乡三友村象形围平面

1. 全南县龙源坝镇雅溪村土围和石围

龙源坝镇雅溪村位于全南县西部南岭山区的山间盆地，与广东南雄、始兴一山之隔。一条小溪自东而西从村落前方流过，穿越村落以后与周边山涧中的另外3条小溪共同注入村落西面南北流向的较大溪流中，"雅溪"这一村名因河水流经村前与村后形似凤凰得名。

据《陈氏族谱》记载，元末明初，陈氏先祖鲁公由金陵迁居赣南开基；鲁公五世孙陈文信于成化年间（1465—1487年）分居雅溪。雅溪土围建造者是陈受硕、陈受颖等叔侄4人，始建于清咸丰六年（1856年）；雅溪石围建造者为陈受颖子陈先学，始建于光绪十一年（1885年）（图9-66）。这一时期是江西防御性民居兴建的第三个高峰，即清末的动荡时期。据《陈氏族谱》记载，"自咸丰乙卯年（1855年）八月被贼扰害，无心主张，身无躲避，邀兄弟叔侄人等合议造围屋一所，方能保守身家财物。"

图9-66　全南县龙源坝镇雅溪村土围、石围鸟瞰

雅溪土围又名"福星围"，坐东北朝西南，为三层土木结构四合中庭型围屋（图9-67），面阔约20米，进深约30米，高约12米，占

地面积约 600 平方米。围屋入口位于南侧中部设唯一围门，前有深约 7 米的晒坪。入口门厅有楼梯通往楼上各层。围内为一长方形庭院（图 9-68），北侧中部底层设有一间祖厅。庭院碎石铺地，条石砌边，四周有排水沟，院内原有水井一口，后被填埋。中庭四周房间进深约 4.8 米，每层约 20 间。二、三层几乎满布宽度约 1 米的走马楼，仅祖厅上方未设。

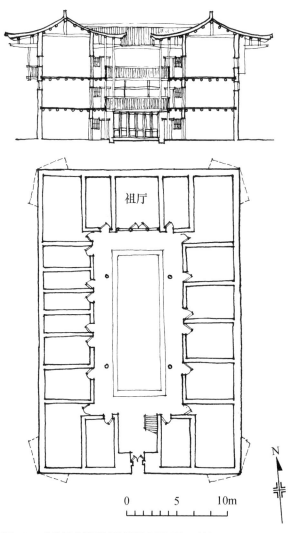

图 9-67　全南县龙源坝镇雅溪村土围平面、剖面

图 9-68　全南县龙源坝镇雅溪村土围内景

土围外墙墙基为三合土与鹅卵石混筑而成，高约 1 米，其上为夯土墙，厚约 0.5 米。外墙上的窗均条石为边，装有铁栅，另有若干方形和长方形的射击口、瞭望孔。顶层四角为挑空炮角，每个炮角向左、右、前、下等各方设有 6 个射击口。土围的大门共两层，门框为砖砌拱券，木门扇外包铁板，上方设防火水槽。屋顶为悬山顶，屋角有起翘（图 9-69）。

图 9-69　全南县龙源坝镇雅溪村土围近景

雅溪石围坐东北朝西南，背枕青山，占据村中一个高地。其为四层土木结构四合中庭型方形围屋，进深和面阔均约为 20 米，高约 14 米，占地面积约 400 平方米。南侧中部设唯一围门，为石砌券门，上有门额"鸟革翚飞"，出自《诗经·小雅·斯干》"如鸟斯革，如翚斯飞"，旧时用于形容宫室华丽舒展的建筑风格。"鸟革翚飞"的左侧刻有小字"例授进士陈学士造"，右侧刻"光绪乙酉年冬月立"。门有三道，最外层为包铁皮板门，中间是闸门，里面是实木便门，门顶有漏水孔。前有深约 9 米的晒坪（图 9-70）。

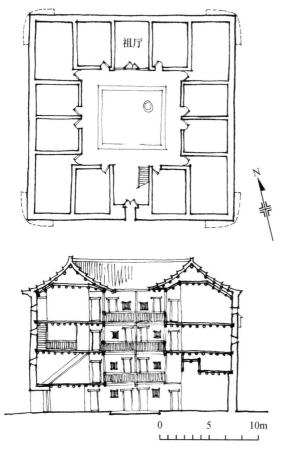

图 9-70 全南县龙源坝镇雅溪村石围平面、剖面

楼梯设于入口门厅中。庭院为河石铺地，条石镶边，内有水井一口。室内首层为三合土地面，其余各层为木地板。中庭四周房间进深

约 4.5 米，每层约 14 间。祖厅亦在北侧中部底层，二至四层除祖厅上方外也满布走马楼，宽度亦约 1 米（图 9-71）。

图 9-71　全南县龙源坝镇雅溪村石围内景

　　石围外墙亦分层砌筑，一至三层外墙全为三合土与河卵石混筑而成，厚约 0.6 米，四角有条石砌护角。四层外墙为砖砌，墙顶五皮青砖叠涩出挑，屋顶为硬山顶，屋角有起翘。一层每面设四个外窗，二至四层外墙设有大量射击孔，形状各异，包括方形、长方形、六边形、圆形等。在顶层西北角、东南角设二处挑空砖砌炮角。围屋内隔墙除祖厅外均为土坯砖墙，四层为木质隔墙。

2. 龙南县里仁镇新友村细小围

新友村细小围又名"猫仔围"，据称此围是龙南县最小的围屋之一，因尺度极小，当地人也称其为"猫柜子"、"玲珑围"。它位于开阔的里仁盆地东北部田畈中央，溪水在其西边流过。当地是村内地势较高处，田中经常干旱缺水。造主吴明柱，先祖吴文兴明末从本县关西迁入本村定居，本人从本村柑子树下迁居至此。

细小围坐东北朝西南，为二层土木结构四合中庭型围屋，高约7米。占地面积约360平方米。面宽与进深均约17米，四角各设一座炮楼。此围的门位于西南面墙上朝南的一侧，但又向西旋转了约15°。门为砖砌券洞，中有门槽，门上方有门匾（图9-72）。

图9-72 龙南县里仁镇新友村细小围鸟瞰

庭院尺度极小，宽度约4.5米，给人以天井的感觉，庭院中有水井一口。祖厅正对庭院位于东北侧中部。楼梯仍位于门厅处，二层有走马楼。现在此围近一半已坍塌，笔者去调查时，偶遇一位房主，他说，分家时，每户只分到一二间，所以谁也不出钱维修。

外墙厚约0.4米，砖石砌至约1米高，上部为夯土，夯土墙顶部以砖砌叠涩收头，屋顶为硬山顶。外墙及炮楼部分都是这种做法，内隔墙包括祖厅部分都是土坯砖墙。祖厅高二层（图9-73）。

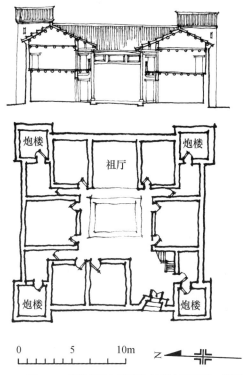

图 9-73　龙南县里仁镇新友村细小围平面、剖面

关于此围的建造，是个传奇的励志故事。相传吴明柱个子矮小，出身贫寒，当地人都不把他放在眼里。他暗下决心，要挣一大笔钱，买田买地，造大房子，让人对他刮目相看。于是外出做桐油、茶油、木材生意，积累了数百两银子。一次在路途中帮助了一位负重行走山路的老人，老人指点他选择了造细小围的风水宝地，围屋建成之后，他家人财两旺，成为别人羡慕的对象。

3. 龙南县杨村镇杨村燕翼围

燕翼围位于龙南县杨村镇杨村圩，属于龙南望族赖氏家族。杨村镇位于龙南县与广东连平县相交处的一个山区盆地中，太平江、东水河与黄坑河汇合处，是一处古老的圩市。

据《桃川赖氏八修族谱》记载,燕翼围始建于清顺治七年(1650 年),为杨村富户赖福之所建,至清康熙十六年（1677 年）其长子赖从林将屋建成,历时约 27 年。取《诗经·大雅·文王有声》中"诒厥孙谋,以燕翼子"中"燕翼"二字为围名,是为子孙深谋远虑之意。燕翼围建于清初,是江西防御性民居兴建的第二个高峰,即朝代更替引起社会动荡的时期（图 9-74）。

图 9-74 龙南县杨村镇杨村燕翼围鸟瞰

燕翼围坐西南朝东北,为四层四合中庭型围屋,高约 14 米,是现存最高的赣南围屋,所以又称"高守围"。燕翼围面阔约 36 米,进深约 45 米,占地面积约 1300 平方米,建筑面积约 4000 平方米,坐落在杨村镇圩镇中心鲤鱼寨下的高岗之上,俯视全村,尽得当地险要。在场地格局中它三面环河,位于河湾处,大门正对案山,左右砂山屏立,东南方还有一口面积约 1 公顷的大水塘,每年端午节在此举行划龙舟仪式,远近闻名,是当地著名非物质文化遗产。

燕翼围仅设一门,朝东北开,门头上有简洁的砖仿门罩,额匾上阴刻颜体"燕翼围"三字。此围门三重,第一重为包铁皮板门,以大木杠或铁棍为闩;第二重为紧急情况下使用的闸门;第三重为平时使用的实木便门，大门顶上暗设漏斗。

入门之后是宽约 16 米、深约 25 米的宽阔庭院，地面为河卵石铺砌，室内为青砖地面。沿长边划分为 9 间房间，每间开间约 3.55 米，稍有不等，通面宽约 32 米，进深约 6.60 米；沿短边划分为 8 间房间，每间开间约 3.25 米，亦稍有不等，通面宽约 26 米，进深亦为 6.60 米。东北角和西南角各设有凸出的炮楼。每层 34 间房，共 136 间，其中首层为膳食处，二三层为居住，四层为战备楼，平时则闲置。祖厅设在西南侧底层中部（图 9-75）。

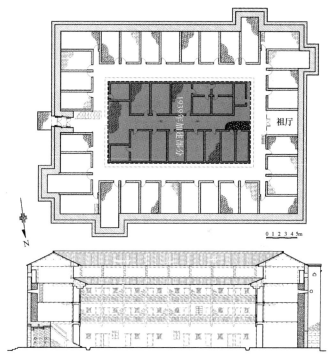

图 9-75　龙南县杨村镇杨村燕翼围平面、剖面
（图片来源：江西省文物保护中心提供）

二、三层向内出挑约 1 米的走马楼，朝向内院，俗称"内走马"（图 9-76），四层外墙厚由下面三层的约 1.5 米减至约 0.5 米，余下的 1 米形成"墙上回廊"，即"外走马"（图 9-77），朝向外墙，以便作战。各层依走马环行相通。

图 9-76 龙南县杨村镇杨村燕翼围内院内走马廊

　　燕翼围外墙为"金包银"做法，基部为外砌麻条石墙，内皮用土
坯砖垒砌，高约 2.40 米，墙厚约 1.5 米，其中条石砌厚 0.5 米，土坯
砖垒砌厚约 1 米。其上为砖墙和土坯砖组合砌至墙顶，墙体不作收分。
墙身密布射击孔，共 58 个，俗称"躲子眼"。射击孔呈倒方锥形，内
宽外窄，视野开阔。

　　屋顶为硬山顶，屋角有起翘。一至三层内隔墙为土坯砖墙，四层
隔墙为木板壁。楼梯设于入口门厅处及东北角和西南角炮楼处，此外，
各家居室内部还设家用双柱登梯。

图 9-77 龙南县杨村镇杨村燕翼围外走马廊

　　此围是赖福之 46 岁时着手建造的第二座围。赖福之有三子，为防御贼匪侵扰，他给每个儿子筑有一座守围。为长子从林建燕翼围；为次子德林建永臧围，冀望子孙永积善德，兴旺昌盛；为三子衡林建光裕围，寄意子孙奋发上进，光前裕后。1938 年抗战期间，日军飞机轰炸杨村镇，燕翼围仅轻微受损，但永臧围、光裕围均被炸毁。

　　燕翼围以其朴实厚重的体量、简单流畅的轮廓和充满智慧的防御性设计，成为客家人为保卫家园而不懈努力的代表，亦具有纪念性和震撼人心的景观效果。1941年时任国民党赣南行政公署专员的蒋经国先生巡察杨村镇时，夜宿燕翼围，询问有关情况后说："此为封建堡垒，但应该保护下去，不要拆毁。"赖氏后裔一直居住在围内，2001年列为全国重点文物保护单位。

4. 定南县岿美山镇左拔村永安围

岿美山镇左拔村地处定南县南部与广东上陵岑江交界处的一个山坳中，经济以生产竹木用材林及"王老吉"配方中的药材为主。"左拔"以拔除村中右边土墩建围屋的传说而得名。永安围由黄吉沅始建于清乾隆二十九年（1764年），历时五年建成。

永安围坐东南朝西北，为三层四合中庭型围屋，主体部分为对称的方形平面，含炮楼的通面宽和通进深均约为27米，高约11米，西北向的正面设围门一座，四角有炮楼四座（图9-78）。进入围门，是一个边长约为9米的方形庭院，正中有水井一口。东、南两个面还分别设有三座围门，出入十分方便。东南侧底层正中是祖厅，后围屋两侧各有一通道通往扩建部分（图9-79）。扩建部分也于东、南两侧设门，每侧各二门，门以条石为框，门框上有安放门闩的槽口。

图9-78　定南县岿美山镇左拔村永安围总平面

图 9-79　定南县岿美山镇左拔村永安围鸟瞰

　　主体外墙厚约 0.5 米,砖石砌筑勒脚至约 1 米高度,以上为夯土(图 9-80)。墙上有长方形直棂窗。炮楼较围屋部分突出约 1 米,炮楼外墙镶嵌有石雕射击孔,顶部有圆窗,二层窗上有泥塑屋檐装饰。屋顶为悬山顶,炮楼为歇山顶。

图 9-80　定南县岿美山镇左拔村永安围外夯土墙

永安围共有七座围门，如果加上扩建的部分则有十一座围门，与其具高度防御性的森严外表颇为不符。仅在三层设走马楼，亦削弱了实际防御能力。此外，永安围在祖堂后方加建了一条围屋，为"四点金围寨"的扩建提供了一个不多见的范例。

5. 龙南县汶龙镇新圩村村头围

新圩村位于汶龙镇一处狭长的山间盆地，明末清初曾在此建有圩市，故称"新圩"。山间溪流在流过新圩村村头时形成了一个水湾，村头围就坐落在溪流的左侧，溪流在此形成的水湾正好构成建筑前风水有利的"临水"设置。

村头围的建造者蔡氏，清初从本地龙溪围分迁定居此地。村头围坐西北朝东南，由一个四合中庭型建筑外包一圈围屋形成（图9-81）。内侧四合中庭型建筑三层，面阔与进深均约30米，内庭院约170平方米。祖厅位于西北侧围屋中部，二层有内走马楼。

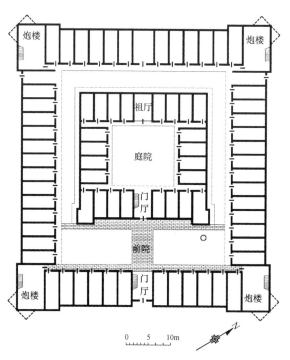

图 9-81　龙南县汶龙镇新圩村村头围平面

外层围屋面阔约 55 米，进深约 60 米，东南侧围屋与内部四合中庭型建筑之间的间距约 7 米，形成围内晒坪。东南侧外层围屋设炮楼二座，炮楼三层又在 45°方向出挑炮角（图 9-82），以无死角防护。外墙厚约 0.5 米，高约 9 米，土石砌筑，顶部有砖砌叠涩，硬山顶。

图 9-82　龙南县汶龙镇新圩村村头围炮楼

主围门位于东南面中部（图 9-83），由二重大小不同的券洞门组合而成，门扇现仅有简易板门，围前有宽阔的晒坪。

图 9-83　龙南县汶龙镇新圩村村头围围门

6.龙南县南亨乡圭湖村财岭围

　　圭湖村位于南亨乡集镇区北部山谷盆地中,南亨河自南而北流过。在盆地中部某一位置,河流先往东流又向西折回,再继续向北流,形成一个半月形的河湾,被认为犹如腰带系身而得名腰带水。因村旁山岭有古代通往广东的古驿道,便于进行边贸,于是村落西侧的山岭便得名"财岭"。

　　这块宝地被龙南望族赖氏成员赖崇万看中,于清光绪年间迁此开基。1928年,在民国战乱年代,定居于此的赖氏族人赖文英、赖观华、赖玉辉、赖观生、赖观金等共同发起兴建财岭围,1938年建成。

　　财岭围坐北朝南略偏西,空间组织方式为中部一座二层四点金围寨,即四合中庭型建筑四角加炮楼,其外部南北各围一道围屋,东西各围三道围屋而形成。整座建筑通面阔约为90米,通进深约为40米。中部四点金围寨面阔约为28米,进深约为18米(图9-84)。

图9-84　龙南县南亨乡圭湖村财岭围鸟瞰
（图片来源:《龙南围屋大观》）

　　围内二层走马楼连通各居室与四个炮楼。中部的四点金围寨南北围屋中部一间作"上、下厅"。东、西部外侧的六道围屋中部也各设一厅,称"廊厅"。围门一座设于南侧中部,二重,外侧为券洞门,内侧为条石长门框的长方形门洞，围门处墙厚约 1 米。

7. 广昌县杨溪镇江背村张氏下新屋

杨溪镇江背村位于广昌县南部武夷山脉的边缘，张氏于清代中后期从石城县迁此定居。张氏下新屋现已大部分倒塌，但它是一座难得的载入县志的民居建筑，而且让我们得以一窥四合中庭型围屋在三南（龙南县、定南县、全南县）地区以外的面貌。

据《广昌县志》记载，"下新屋大门石匾'风度曲江'及石柱楹联'青竹四周君子宅，苍松一带大夫家'，为屋主、清儒学训导张丕书"。

张氏下新屋坐西南朝东北，背枕青山，面朝江背溪，院门朝东南方向。带有侧院的二层四合中型建筑。面阔与进深均约 42 米，庭院西南方向约 24 米，东北方向约 20 米。庭院中另有二栋独立的小建筑对称布置在庭院两侧，这二栋建筑以有园林化的、有透空花格窗和券洞门的围墙与前侧围屋相连，在大庭院中分隔出别致的小院。祖厅位于靠山的后侧围屋中部开间，二层高。围屋外墙及院墙厚约 0.4 米，砖砌；其余部分外墙为夯土墙，内隔墙为土坯砖墙（图 9-85）。

图 9-85　广昌县杨溪镇江背村张氏下新屋现状鸟瞰

9.4 横屋堂屋组合式围屋

横屋堂屋组合是江西大型客家民居最常见的空间组织方式。当堂屋与横屋前后檐平列时，形成较封闭的建筑形态，在横屋角部加上炮楼就可以形成围屋，如定南县老城镇丁坊村赤竹新围屋（图9-86）；又或者堂屋两侧横屋伸出，前部加倒座门屋与横屋端部相连而形成封闭的建筑形态，并设置炮楼，也能形成围屋，如定南县龙塘镇洪洲村四角围（图9-87）；又或者横屋与堂屋没有齐檐，也没有封闭的倒座门屋，但建造时采用了围屋建筑特有的外墙做法，形成防御性的外观，也能成为一座围屋，如定南县岿美山镇三亨村上围（图9-88）。

图9-86　定南县老城镇丁坊村赤竹新围屋鸟瞰

这种类型也是较早出现，建造持续时间较长，数量较多的围屋类型之一。如著名的龙南县关西镇关西村，徐氏家族在此陆续建造了近十座围屋，其中建造时间最早的一座下燕围，为关西村徐氏开基祖徐有翁的居住地，就是一座二堂二横加倒座的横屋堂屋组合式围屋，为明代所建。

图 9-87　定南县龙塘镇洪洲村四角围鸟瞰

图 9-88　定南县岿美山镇三亨村上围鸟瞰

1. 兴国县杰村乡里丰村里观围屋

杰村乡里丰村位于兴国县东南部山区，海拔约 400 米，东面隔着海拔近千米的大山就是于都县。里丰村徐氏开基祖徐桂英为清中期来自福建武平县的移民。

里观围屋为徐上华兴建于清咸丰三年（1853 年），坐落在耕地中央，是一座以堂屋横屋组合式民居为基础、外墙建成坚固的防御性外墙而形成的围屋（图 9-89）。它现存二堂八横一后枕，横屋伸出堂屋前端约 18 米，前端横屋山墙间以坚固围墙相连形成前院。它坐东南朝西北，总面阔约 80 米，总进深约 45 米，占地面积 3000 多平方米。

图 9-89 兴国县杰村乡里丰村里观围屋外景

外围墙高约 4 米，其中西北面围墙为内矮外高双层，设有四座炮楼，二十四个射击孔，东、西、北方向各设围门一座，北门为正门。围墙为三合土版筑，非常坚固，当地口传系由石头、石灰、黄泥、蒸熟的糯米、桐油混合筑成。祠堂位于中轴线上，当地居民介绍，除祖厅外，围屋内原来还有十二个小厅，是座按"九井十八厅"式样建造的围屋。

1927 年，里观围屋的徐氏子弟徐复祖在上海大夏大学（现华东师范大学前身）读书期间加入中国共产党，回到家乡后，把自己家的田粮分给群众，在围内成立了农民协会，使里观围屋成为兴国、于都、赣县三县交界地区的一个著名红色据点。

1931 年 6 月，于都马安石靖卫团乘主力红军远征闽西，后方力量薄弱之机，突然纠集数百人枪，对里观围屋发动起攻击。围内赤卫队一面奋起抗击，利用土枪火炮和高墙，痛击来犯之敌；一面冲出土围，连夜赶往县城求援。兴国县苏维埃政府随即命令兴国红色警卫营前往增援。因山高路远，增援部队到达时已经是第三天，围屋已被靖卫团占据，并对受损的炮楼进行了修复。围屋易守难攻，红军警卫营攻击几天未能奏效，改采围困策略，切断了向围内送饭的通道。靖卫团只得晚上放火，乘乱打开围门逃走。

经过这两次战斗，围里的四座炮楼均被焚毁，房屋大部分被破坏。后来围内居民重新建房，未能完全恢复原貌，但它是兴国县目前仅存的唯一一座围屋，具有革命纪念地和代表性传统民居的双重价值。

2. 定南县历市镇太公村八角围

太公村位于定南县县城历市镇东北部的山谷盆地中，相传明代中叶村口建有一座太公庙，村庄由此得名。但今天村中居民均为清代迁入，其中郑氏于清康熙年间从福建迁入，是村中最古老的姓氏。

八角围系由郑万佐父子建于清咸丰八年（1858年）。八角围坐东朝西，背靠山丘，称"狗妈望月"山。前隔300余米田地有太公河自北向南流过，是东江上游九曲河的一条支流。建筑空间组织模式基于三堂四横的堂屋横屋组合式，但四周外墙较为坚固，并在四道横屋的端部各加一座炮楼，从而具备围屋的防御性特征（图9-90）。

图 9-90　定南县历市镇太公村八角围鸟瞰

八角围通面宽约 60 米,通进深约 30 米,占地面积 1800 多平方米。建筑前有宽阔的晒坪、池塘,晒坪北侧有水井一口。因背靠"狗妈望月"山,围门前原有一对质朴的石狗雕塑,围屋修复后,石狗已不知去向。

虽然建筑规模不小,但做法十分简朴。八角围共有五个出入口,在西立面上一字排开。中部为主入口,凹入约 1 米深、3.8 米宽的门廊,入口门上方有门榜"霞云映瑞"。堂屋有上、中、下三厅,土木结构,墙基部分青砖砌至约 1 米高,其上为土坯砖墙,墙体四角有砖砌壁柱护角。中厅有木屏门,上厅空间格外高敞,开间约为 4.4 米,进深约为 5.2 米,地面到脊檩高约 7 米(图 9-91)。

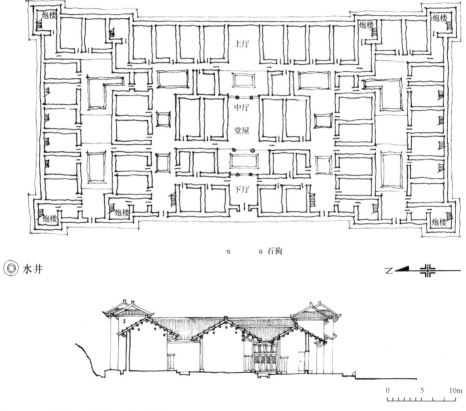

图 9-91　定南县历市镇太公村八角围平面、剖面
(图片来源:定南县博物馆提供)

横屋进深约 5.5 米,高二层,横屋与堂屋间、横屋与横屋间均在西立面上开门,门内设副厅(图 9-92)。每道横屋的东西两端均设一

座炮楼，使得炮楼总数达到 8 座之多，在江西围屋中首屈一指。炮楼高三层，二层有两层花牙子腰檐。

图 9-92 定南县历市镇太公村八角围横屋天井

围屋外墙厚约 0.6 米，基部约 1 米高为大河石浆砌，其上土坯砖砌，围内横屋天井、排水沟、室外地面均为大河石与三合土砌筑，粗犷简朴。

八角围西南角还建有一栋郑氏私塾，是一座"独水"或"杠式屋"

类型的建筑（见本书第二章），南北两排房间，东面为门厅入口，西面为辅助用房。东面南北两杠山墙为悬山顶加披檐，与门厅屋檐拉通，形态颇为生动。

3. 定南县历市镇修建村明远第围

修建村位于定南县县城历市镇西侧山谷中。谢氏家族于清顺治年间从当时的定南县城老城镇迁入此地，道光二十六年（1846年）起造明远第围。最初只是一座由二堂二横及门楼、倒座组成的横屋堂屋组合式建筑，1944—1949年间先后又在左右各加一道横屋，最终形成二堂四横加门楼倒座的围屋格局（图9-93）。

图 9-93　定南县历市镇修建村明远第围正面鸟瞰

明远第围坐西朝东略偏北，面阔约62米，进深约36米，占地面积约2300平方米。围前晒坪深约10米，晒坪前有池塘。建筑前约70余米处有溪水环绕，明堂中有大块良田。左右砂山屏立周密，夏避西晒，冬挡西北风，背靠青山，大门所朝的方向正是山谷走向，因此视野开阔广远，朝山位于2公里之外（图9-94）。

图 9-94　定南县历市镇修建村明远第围背面鸟瞰

　　建筑格局对称，中部为正门，两侧各有二个横屋入口大门。正门为拱形门框，上方有二个雕刻着"福寿"图案的门簪。围门与堂屋之间还有一深约 8 米的敞院,设有二道围墙划分出堂屋专属前院空间（图9-95），属横屋的前院空间中有水井一口。堂屋二进，下厅有屏门，上厅高敞，土木结构，山墙承檩（图9-96）。

图 9-95　定南县历市镇修建村明远第围前院

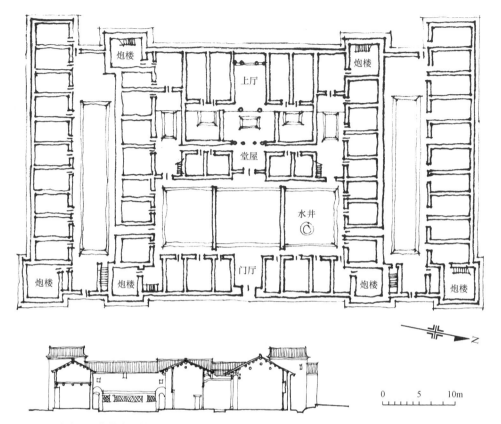

图 9-96 定南县历市镇修建村明远第围平面、剖面

清代建造的外墙厚度均在 0.9 米左右，民国时期建造的外墙厚度大为减少，仅有 0.4 米左右。做法均为墙基浆砌块石约 2 米高，上部为青砖，内墙基为 0.5~1 米高的青砖或浆砌块石，上部为土坯砖墙。外窗尺寸约为 0.5 米 ×0.6 米，青石窗框，窗洞有铜钱形、万字形、葫芦形等图案透空石雕。射击孔及瞭望口有长条形、圆形、葫芦形、十字形等。

清代建造的内侧两道横屋两端均有炮楼，但民国时期建造的外侧两道横屋则仅有朝向正面的东端才设炮楼，这样一共是 6 座炮楼。清代建造的炮楼均为三层楼，高约 8.5 米。民国时期建造的炮楼也为三层楼，高度略增加至约 9 米。墙体厚度与围屋外墙相同。

4. 定南县鹅公镇陂坑村洵美围

鹅公镇陂坑村位于定南县东部狭长的山谷中。据《叶氏族谱》记载，叶氏于明成化年间由安远县车头迁来。洵美围始建于清光绪二年（1876年），传说建造者为叶美丁，是当地卫东堡保长，在位时大肆敛财，因时局动荡决定建围，仅一年多时间就建成了这座坚固的小围。

洵美围坐西北朝东南，是一座二堂一横的横屋堂屋组合建筑，堂屋后部两角设有二座炮楼。面阔约25米，进深约17米，占地约390平方米，是江西占地面积最小的围屋之一。龙南县最小的围屋细小围占地面积约360平方米，但是细小围是座四合中庭型围屋，除祖厅一间外，其余都为居住。而洵美围的二进祖堂是完全不用于生活起居的，居民们都住在横屋中。可能是因为占地面积小，该围的建筑高度特别高耸，堂屋部分仅二层，但层高约4.5米，到檐口的高度约9米。横屋部分为3层，层高平均约3米。横屋进深约6米，每层5间，每间约20平方米（图9-97）。

图9-97 定南县鹅公镇陂坑村洵美围鸟瞰

围门有两处，主入口位于东南面正中，在围墙上以青砖衬砌和泥灰塑做出三间三楼牌坊式大门，门洞上方有门匾，两侧有对联，字迹今已不存（图9-98）。入内即为祠堂下厅，有楼，因层高较大，并不压抑。祠堂天井为砖砌，青石镶边。上厅无楼，因此显得格外高敞。次入口在主入口左侧，朝西开门，入内通往横屋天井。围前有弧形照墙，离围门约 10 米处有水井一口。外墙下部为约 2 米高的大河石浆砌，以上全部为青砖眠砌到顶。墙上有石雕长条形、葫芦形射击孔及瞭望口。

图 9-98　定南县鹅公镇陂坑村洵美围围门

5. 定南县岿美山镇左拔村黄氏老屋围

岿美山镇左拔村地处定南县南部与广东上陵岑江交界处的一个山坳中，东江上游支流三亨河流过山坳，形成一小片山谷盆地。黄氏老屋围由黄吉沅建于清乾隆十四年（1749 年），坐东北朝西南，是一座三堂五横的横屋堂屋组合建筑，在最外侧二道横屋尽端各设有一座炮楼。通面宽约 65 米，通进深约 27 米，占地约 2000 平方米。此人于十五年后建造的永安围在东南方向，距离约 250 米。

黄氏老屋围背靠龙脉青山，前有三亨河形成水湾环抱，明堂中大片良田。左侧砂山绵密，右侧砂山山形不够完美，而且在靠近围屋处形成一凹口，所以黄氏老屋围最右侧一道横屋向前伸出约 30 米以挡煞气，现已拆除部分，只剩约十余米（图 9-99）。

图 9-99 定南县岿美山镇左拔村黄氏老屋围鸟瞰

建筑入口全在正面，共有 5 处，一字排开。主入口居中，向内凹入约 1.2 米形成门廊，设柱一对，有额枋、双步梁。入内为祠堂，设上中下三厅，均仅一开间，山墙承檩。此外右侧横屋与堂屋之间的天街、两侧横屋间的天街各设有一个出入口。堂屋与横屋间设有两处连廊，以花格墙划分，增加了空间的变化（图 9-100）。

图 9-100 定南县岿美山镇左拔村黄氏老屋围横屋天井

外墙有石砌勒脚，做法多种，堂屋部分为约 1.2 米高的条石砌筑，横屋则既有约 0.45 米高的条石墙，也有约 1.2 米高的河石浆砌墙。勒脚以上为夯土墙，夯筑质量不高，目前已大量开裂。局部亦有土坯砖墙。内部墙体大部分为土坯砖墙。围内室外地面天井均用大河石砌筑，室内地面为夯土地面。

现在只有一二户人家还在围屋中居住，但据说当年吉沅公盖成此围后，生有四子十五孙，丁财两旺，钱粮充足。一伙强盗闻风而至，欲劫其家财，黄氏家族据围坚守，相持七天后，终将强盗抓获送官。

6. 龙南县关西镇关西村鹏皋围

鹏皋围是龙南县关西镇关西村徐氏家族所建围屋中建筑质量仅次于关西新围的建筑，位于龙南县关西新围东北侧。

鹏皋围始建于清咸丰初年（1860 年左右），系徐名均旁系宗亲二哥徐名培所建，徐名培号为"鹏皋"，故名"鹏皋围"。又因其建在西昌围的下方，也称"围坎下"（图 9-101）。

图 9-101 龙南县关西镇关西村鹏皋围鸟瞰

鹏皋围坐西北朝东南，其空间组织方式为三堂三横，东侧增设一道横屋，两端各建一座炮楼。通面宽约 52 米，通进深约 40.5 米，占地约 1700 平方米。堂屋均为单层，横屋部分二层，炮楼三层。外墙为青砖砌成，顶层设有炮眼。围屋中部设大门和左、右两侧横屋间又各设一门（图9-102）。

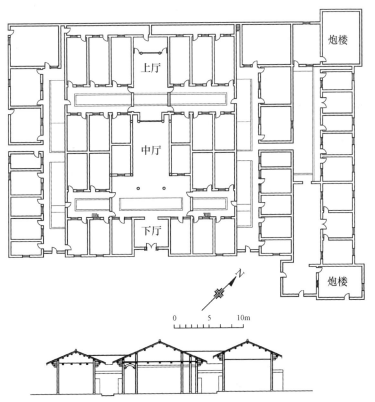

图9-102　龙南县关西镇关西村鹏皋围平面、剖面
（图片来源：赣州市城乡规划设计研究院提供）

9.5　排屋堂屋组合式围屋

在林林总总的各式围屋中，还有一种是基于排屋、堂屋组合式建筑（见本书第五章）为主体，两侧加横屋封闭，或外包一圈墙体或围屋间围合而成的围屋，本书称之为排屋堂屋组合式围屋。其主要分布地区为全南、龙南、信丰等县。

1. 龙南县杨村镇新蔡村社埆围

新蔡村位于龙南县南部与广东省连平县一山相隔的一个山区丘陵

盆地中,黄坑、陂坑两条小溪在村中汇合。新蔡村为杨村镇蔡氏聚居地,开基祖蔡胜村明代中后期从本县汶罗坝迁此定居。当地民居主要为排屋堂屋组合式。社塆围是当地为数众多的排屋堂屋组合式建筑加入横屋围合而形成的围屋中保存状况较好,相对完整的一座。

社塆围因与村中社庙相邻而得名,坐西北朝东南,其空间组织模式为中部为七道排屋,四周以方形围屋将其围合。建筑通面宽约75米,通进深约93米,占地面积约7000平方米(图9-103)。

图9-103 龙南县杨村镇新蔡村社塆围鸟瞰

围门在南侧中部,仅一间,做法简单,正面开敞,两侧围屋间山墙升起使屋面高出,但后墙扭转,使其朝向转向更偏南向,墙中开门,设红石门仪。从这个简单的围门开始形成一条深远的轴线,前两道排屋在轴线两侧断开,形成一条甬道;第三道排屋在轴线处设一间门屋,有凹入的门廊、额枋和红石门仪;第四道排屋在轴线处打开一间,仅屋顶相连,形成一个过厅;最后三道排屋才分设上中下三进祠堂,加上前面的门屋、过厅,实际上相当于五进祠堂,是非常少见的设计(图9-104)。下厅入口处有三间门廊,柱顶伸出二层丁头栱加挑头承托挑檐檩,内部实际和中厅、上厅一样均仅一间,山墙承檩。中厅后墙有屏门。上厅中的一码三箭神厨及长条神台为整座建筑中最华丽的部分。

图 9-104　龙南县杨村镇新蔡村社墈围堂屋轴线

围内排屋一层，部分设有阁楼，间距均超过 3 米，采光通风条件高于一般围屋。整座建筑十分简朴，几乎全为土坯砖墙承重，建筑组合关系简单，却形成了深远的堂屋轴线，朴素而庄重。

2. 信丰县小江镇老圩村西围与岗高村茶园围

小江镇老圩村、岗高村都位于信丰县南部的一个狭长的丘陵盆地中，境内两条溪由南向北流入桃江支流小江河，沿溪为河谷平地。老圩村西围的祖先谢氏于明末从广东迁来；岗高村茶园围的祖先谢氏则于元初由安远县迁来，这两支谢氏都自认是"东山堂谢氏"之后，始祖可追溯到西周河南南阳一代，其来源应为古老的北方移民。两座围屋均坐落在靠山的坡地，围前后场地高差均约为 6 米。这两座围屋的堂屋均未位于中部，而是偏向一侧。

老圩村西围坐西北朝东南，总面阔约 67 米，总进深约 75 米，占地面积约 5200 平方米。全围由六道排屋、两侧两道横屋加上前墙的靠墙排组成，靠墙排设围门，前三道中部设有祠堂，后两道形状完整，最后一道建筑前后错动明显，疑似后期加建。

围门向内凹入，入口为券洞门，有门匾"东山世第"（图 9-105）。围门门屋内有社神祭祀。围门与堂屋在同一轴线上，两者之间有深约 8 米的晒坪。堂屋三进，设上中下三进厅堂，但各进厅堂两侧均与用于居住的排屋连在一起，仅屋顶部分略升高。中厅有前廊柱、大内额、后檐柱和后廊柱，但仅在前后廊设双步梁，大内额至后檐柱间无梁架，仅以山墙承檩。上厅后侧设一对甬柱，柱间为神厨，装四扇一码三箭直棂格扇门。

图 9-105　信丰县小江镇老圩村西围围门外景

全围除堂屋为砖木结构，其余部分均为土坯砖山墙承檩。外围墙河石垒砌，厚约 0.4 米，高约 4~5 米，上有射击孔、木直棂窗。现大部分已拆除，仅祠堂三进完整保留（图 9-106）。

图 9-106 信丰县小江镇老圩村西围堂屋外景

　　茶园围在西围东北方向，距离约 2 公里。建筑坐东朝西略偏南，总面阔约 75 米，总进深约 66 米，占地面积约 4900 平方米。全围由五道排屋、两侧两道横屋组成，堂屋位于围内北侧最后三排建筑，亦设上中下三进厅堂（图 9-107）。中厅实际亦仅一间，亦设前檐柱、大内额、后金柱和后檐柱，大内额和后金柱间架七架梁。上、下厅均为山墙承檩，上厅甬柱、神厨做法和西围类似。

图 9-107 信丰县小江镇岗高村茶园围鸟瞰

茶园围围门已毁，但堂屋与围门的轴线仍清晰可见。现状南部和东北角均已打开成为通道，地面未见坚固围墙的痕迹，当为完全用建筑来围合中部祠堂和住宅的围屋。全部建筑为土木结构，仅堂屋内转角处有砖砌壁柱加固（图9-108）。

图 9-108　信丰县小江镇岗高村茶园围内景

3. 全南县金龙镇木金村中院围

金龙镇木金村位于全南县北部山区一块相对较宽阔的山谷地段。村落建在山谷中部，四周群山环绕，背靠山丘，面对小溪，是桃江的一条支流。据当地《黄氏族谱》记谱，这支黄氏于宋仁宗三年（1025 年）从福建瓦子街（今武平）迁此落居。

中院围坐北朝南略偏东，最大总面宽处约 90 米，最大总进深处约 70 米，占地面积约 5800 平方米。它为世人认识与赞叹主要因为其外部近似圆形的大尺度围屋，但其实际空间组织方式是三道排屋加两圈近圆形围屋环绕包裹，内部排屋今天都已不完整，外部围屋则只有内圈完整，外圈一直不完整，南侧大部分未形成，北侧亦有断点（图9-109）。故其围门位于内圈围屋南面中部，型制亦与围屋其余部分无异，仅墙体改为砖砌，屋檐出挑较其余部分稍大而已。门洞为石券洞，上方有嵌入墙体的匾额，书"中院"二字，无纪年。内部为门屋间，门洞不在该间正中，而是偏在一侧靠内墙（图9-110）。

图 9-109　全南县金龙镇木金村中院围侧面鸟瞰

图 9-110　全南县金龙镇木金村中院围正面鸟瞰

堂屋基本正对门屋间（图9-111）。下厅设三开间门廊，柱上出两跳丁头栱加耍头承挑檐檩，明间设月梁式额枋，下有镂空缠枝雀替。次间则设不镂空的勾片挂落。内部则仅有一间，山墙承檩，原有满铺明檩平板天花，现仅余檩条。后廊又重新变成三开间，后廊柱与中厅前廊柱对齐。前天井为青石水形天井。中厅是江西客家地区罕见的真三开间木结构，有前后廊柱、前后檐柱，前廊设船篷轩顶。前后檐柱间设七架梁，双层檩，所有蜀柱与上层梁连接处均加半镂空的云纹雀替。后檐柱间设屏门，保存极完整。上厅又重新变回一开间，但仍设前廊柱、后甬柱，甬柱间为神厨。此厅残破严重，目前正在抢修。排屋目前虽大部分或毁或改，但仍可清晰见到各进厅堂的屋面均明显高出两侧排屋屋面。各进厅堂墙体均为砖墙。其余部分包括外围屋在内均为土坯砖砌筑，山墙承檩（图9-112）。

图9-111 全南县金龙镇木金村中院围堂屋外景

4. 全南县大吉山镇大岳村墩叙围、江东围

大吉山镇大岳村位于全南县南部山区的山谷田垅中。墩叙围、江东围为当地袁氏家族所建。据《袁氏族谱》记载，袁氏于明末从福建武平迁此定居。

墩叙围坐西南朝东北，总面宽约 60 米，总进深约 63 米，占地面积约 4000 平方米。围屋为二层，炮楼为三层（图 9-113）。"墩叙围"三字现大书于该围北侧围门上方，自左至右书写，疑为现代计算机书法。或曰该围所在自然村原名墩下村，因此称为墩叙。按"敦叙"出自《三国志·蜀志·先主传》，此后历代沿袭，意为使家族亲厚而有序。而"墩叙"则完全不通，或系今人误改。该围建造时间约在清嘉庆年间（1796—1820 年），主体由三道排屋、两侧各一道横屋加前方的门屋倒座组成，实际上已经完成了围合，可视为排屋堂屋组合式围屋的基本形态。但业主可能嫌其防卫能力不足，又在其周围加一圈巨大尺度的围墙，四角起炮楼，从而完成了这座围屋的建设（图9-114）。围墙均为卵石浆砌，十分厚重。东北、西北朝向围内的一侧沿墙搭建有靠墙排，当地人称为"临墙排"。后围墙为弧形，围前有半圆形水池，构图概念与围垅屋有相似之处。围门有两处，一处朝东北，与堂屋在同一条轴线上，内部利用临墙排形成门屋，为主入口；另一处在其右侧，朝向东南，通围内前院。建筑基本呈对称布局，外部围墙略有偏移。

图9-113　全南县大吉山镇大岳村墩叙围正面鸟瞰

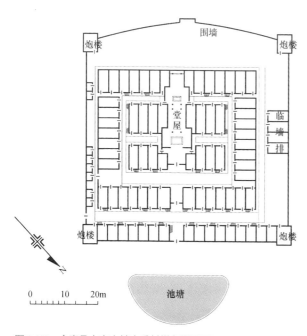

图9-114　全南县大吉山镇大岳村墩叙围平面

该建筑需穿过两道门屋才到达祠堂（图9-115）。祠堂三进，分布在三道排屋中，两侧以廊封闭，中央形成前后天井。下厅前有凹入式门廊，右侧次间有吊楼。下厅设后廊柱，中厅设前廊柱、后檐柱和后廊柱，利用大内额架七架梁，系明栿，做船篷轩顶，草架情况不详。上厅亦有前廊柱、内额，但仅架前廊双步梁，厅本身为山墙承檩。

图9-115　全南县大吉山镇大岳村墩叙围祠堂轴线

清道光年间，袁氏家族实力增强，于道光八年（1828年）在村落周围的山上建了三座庙，分别为塆仔小岳庙、马安中岳庙和笔子山脚下地势最高处的大岳庙（图9-116），大岳村的村名也由此得来。此后不久又分出一支，迁至东北方约200米处的沙丘墈，另建新围，即为江东围。据《袁氏族谱》记载，江东围为沙丘墈开基祖袁明拨所建，"道光丁酉年（1837年）九月十九日起脚，座巳山亥向兼丙壬，三七分金。"

江东围坐东南朝西北，总面宽约85米，总进深约75米，占地面积约6000平方米（图9-117）。围屋为二层，炮楼为三层。西面外围墙由三合土与河卵石砌筑，其他三面均三合土与碎石砌筑。围内建筑均为土木结构。围门二处，分别位于西北面和西南面。西北门为正门（图9-118），位于堂屋中轴线上。围前晒坪上有旗杆石二对。空间组织方式与墩叙围类似，主体亦由三道排屋、两侧各一道横屋加前方的门屋倒座组成，西侧加一道横屋，最后在外部加一圈围墙，南侧围墙（即此围的南面）也为弧形（图 9-119），围墙的四角及弧形段的中部设有炮楼，使全围炮楼数量增至五座（图 9-120）。

图 9-116　全南县大吉山镇大岳村大岳庙内景

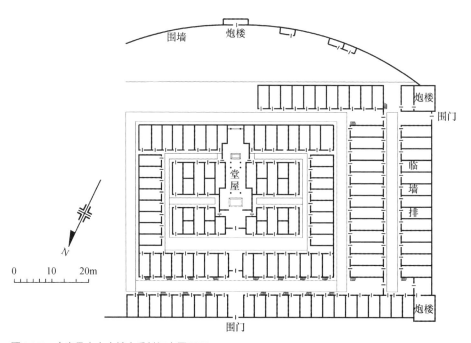

图 9-117　全南县大吉山镇大岳村江东围平面

图 9-118　全南县大吉山镇大岳村江东围正门

9-119 | 9-120

图 9-119　全南县大吉山镇大岳村江东围南部围墙及中部炮楼

图 9-120　全南县大吉山镇大岳村江东围角部炮楼及围门

祠堂亦分布在三道排屋中，上中下三进厅堂，做法均与墩叙围类似。围屋内侧沿围墙均搭建有靠墙排。围前原有池塘，现已淤塞，围内房屋也有近一半倒塌（图9-121）。

图 9-121　全南县大吉山镇大岳村江东围内景

参考文献

[1] 江西省各县县志.

[2] 钟起煌.江西通史（1~9卷）[M].南昌：江西人民出版社，2008.

[3] 曹树基.中国移民史（第五卷）（第六卷）[M].福州：福建人民出版社，1997.

[4] 中国社会科学院，澳大利亚人文科学院.中国语言地图集[M].香港；朗文（远东）有限公司，1990.

[5] 黄智权.江西省志——江西省自然地理志[M].北京：方志出版社，2003.

[6] 彭昌明.龙南围屋大观[M].天津：天津古籍出版社，2008.

[7] 中共定南县委宣传部，定南县文化局.定南客家围屋[M].定南内部发行，2008.

[8] 罗荣，谢帆云.客家宁都[M].南昌：江西人民出版社，2015.

[9] 吴庆洲.中国客家建筑文化（上）（下）[M].武汉：湖北教育出版社，2008.

[10] 万幼楠.赣南历史建筑研究[M].北京：中国建筑工业出版社，2018.

[11] 黄浩.江西民居[M].北京：中国建筑工业出版社，2008.

[12] 陆琦.广东民居[M].北京：中国建筑工业出版社，2008.

[13] 戴志坚.福建民居[M].北京：中国建筑工业出版社，2009.

[14] 姚赯，蔡晴.江西古建筑[M].北京：中国建筑工业出版社，2015.

[15] 井冈山市人民政府，雅克设计有限公司.江西·井冈山市茅坪乡茅坪村传统村落保护发展规划 2015—2030. 南昌，2015.

[16] 江西省城乡规划设计研究院.上饶市广丰区嵩峰乡十都历史文化名村保护规划 2015—2030. 南昌，2015.

[17] 万幼楠.赣南客家民居"盘石围"实测调研——兼谈赣南其它圆弧型"围屋"民居 [J]，华中建筑，2004(4): 128.

[18] 万幼楠，胡业雄.城堡式民居——东生围 [A]. 世界民族建筑国际会议论文集 [C]. 1997.

[19] 韩振飞.赣南客家围屋源流考——兼谈闽西土楼和粤东围龙屋 [J]. 南方文物，1993(2):106.

《筑苑》丛书征稿函

　　《筑苑》丛书由中国建材工业出版社、中国民族建筑研究会民居建筑专业委员会和扬州意匠轩园林古建筑营造股份有限公司筹备组织，联合多位业内有识之士共同编写，并由中国建材工业出版社出版发行。本套丛书着眼于园林古建传统文化，结合时代创新发展，遵循学术严谨之风，以科普化叙述方式，向读者讲述一筑一苑的故事，主要读者对象为从事园林古建工作的业内人士以及对园林古建感兴趣的广大读者。

　　征稿范围：

　　园林文化、民居、古建筑、民族建筑、文遗保护等。

　　来稿要求：

　　文稿应资料可靠、书写规范、层次鲜明、逻辑清晰，内容具有一定知识性、专业性、趣味性，字数在 5000 字左右。请注明作者简介、通讯地址、联系电话、邮箱、邮编等详析信息。稿件经过审核并确认收录后，会得到出版社电话通知，图书出版后，免费获赠样书一本。

　　所投稿件请保证文章版权的独立性，无抄袭，署名排序无争议，文责自负。

　　QQ 咨询：2783297628　　投稿邮箱：2783297628@qq.com

武汉农尚环境股份有限公司

———— 企业文化 ————

农以为勤　　尚以为进

公司简介：

　　武汉农尚环境股份有限公司成立于 2000 年 4 月 28 日，是专业从事市政、房地产、园林古建等领域园林景观绿化工程设计与施工的企业，是国家高新技术企业、湖北省风景园林学会副理事长单位和武汉市城市园林绿化企业协会副会长单位，具备园林绿化施工壹级资质、风景园林设计专项乙级资质、市政公用工程施工总承包叁级资质、古建筑工程专业承包叁级资质、城市及道路照明工程叁级资质，并先后通过了 ISO9001 质量管理体系、ISO14001 环境管理体系和 OHSAS18001 职业健康安全体系认证。

　　农尚环境以"意匠"为己任，满怀对环境和生活的虔敬，专心致力于城市节约型园林设计与施工、苗木种植、园林养护等智慧艺术的探寻。近二十年来，公司与万科地产、保利地产、世茂地产等优秀房地产开发企业开展长期业务合作，在市政、房地产、园林古建等多元领域挥洒灵感，描绘恣意悠然之作。

　　公司矢志不渝，以绿色生命的智慧，不懈追求人与建筑、与生态、与情、与景完美相处的艺术，以华中为基础，不断向华东、华北、西北、西南等多地拓展，实现了跨区域经营。公司于 2016 年 9 月 20 日，在深交所正式挂牌上市，成为华中五省园林板块唯一一家上市园林企业。

办公地址：武汉市汉阳区归元寺路 18-8 号

公司网址：www.nusunlandscape.com

联系电话：027-84701170

崇义海泰国际绿化景观工程

赣州华润中心C区园林景观工程

天堂鸟建设集团有限公司

Paradisebird Construction Group Co., Ltd.

　　天堂鸟建设集团有限公司是一家从事市政、园林绿化、建筑等工程及相关设计的综合性公司。公司创办于2001年,现有注册资金10060万元,具有市政公用工程施工总承包壹级和城市园林绿化壹级等资质,现已发展成为省内建筑行业知名的公司,拥有江苏、安徽、广西、山东、新疆、天津、河南、河北、湖北、贵州、雄安等十多家分公司。公司严格按现代企业制度运行,积极参与美丽中国建设,沿着"一带一路"走向世界。天堂鸟建设集团有限公司愿与社会各界共勉共赢!

天堂鸟建设集团有限公司

劲嘉山与城

西安奥体中心景观工程（在建）

赣州赞贤公园

信丰桃江湿地公园（在建）

公司名称：天堂鸟建设集团有限公司
电话（传真）：0797-8220862
地址：江西省赣州市章贡区文明大道86号7楼
邮编：341000

银川阅海湾中央商务区如意岛工程

北京顺景园林股份有限公司

真诚/协作/细节/卓越
SINCERE / COOPERATION / DETAIL / EXCELLENCE

北京顺景园林股份有限公司创立于2006年，是沿园林景观产业链发展的综合性景观服务集团。

顺景园林是在商业支持下的职业驱动型公司，我们考虑更多的是如何在一定的预算情况下，创造出客户满意作品，给客户项目带来更高附加值。

顺景园林业务涵盖景观规划设计、景观工程施工、市政生态建设、园林苗木研发培育、园林绿化养护等，各业务模块相互支撑良好互动，为客户提供全程化的优质服务。

顺景园林坚持高品质可持续发展之路，关注作品的最终实现，成功地打造了众多高品质园林景观作品，成为行业典范。公司在地产景观、公共空间、城市更新、生态修复、文创小镇等领域不断探索延伸，实现全国性多领域高品质的长足发展。

顺景园林自成立以来，以优质服务及产品屡获殊荣。公司连续多年被评为"北京市园林绿化行业诚信企业、园林绿化行业优秀园林企业""中国城市园林绿化企业综合竞争力百强企业""全国十佳园林设计施工一体化企业"；项目作品多次赢得"北京园林精品·优质工程奖""中国风景园林学会科学技术奖·园林工程奖""IFLA国际大奖""园冶杯""艾景奖""REARD全球地产设计大奖""金盘奖""园匠杯"等众多具有行业影响力的专业奖项。

地址:北京市朝阳区来广营高科技产业园紫月路18号院14号楼顺景园林
电话:010-64860008　网址:HTTP://WWW.SHUNJINGYUANLIN.COM